Bernward Janzing

Störfall mit Charme

Die Schönauer Stromrebellen im Widerstand gegen die Atomkraft

Wie eine Elterninitiative, die sich nach Tschernobyl gründet, zu einem bundesweiten Stromversorger wird

Mit Gastbeiträgen von Dieter Seifried und Martin Rasper und Fotografien von Jan Oelker

dold.verlag

Impressum

doldverlag
Vöhrenbach 2008

Redaktionsschluss: 1. Oktober 2008

Vertrieb der Buchhandelsausgabe:
doldverlag
78147 Vöhrenbach
Unteranger 3
www.doldverlag.de

Herausgeber:	Bernward Janzing
Autoren:	Bernward Janzing, Dieter Seifried, Martin Rasper
Fotos:	Jan Oelker u.a.
Gestaltung & Grafik:	Andreas Weindel, Bettina Kuny, Hans-Peter Schäuble, triolog Freiburg
Druck:	fgb, Freiburg Gedruckt auf FSC-zertifiziertem Papier

FSC
Mix
Produktgruppe aus vorbildlich bewirtschafteten Wäldern und anderen kontrollierten Herkünften
www.fsc.org Zert.-Nr. SGS-COC-003340
© 1996 Forest Stewardship Council

ISBN-Nummer 978-3-927677-56-2

Inhaltsverzeichnis

Für
Atomfreie
Zukunft

Protest mit Biss und Humor

Nach dem Unfall in Tschernobyl gründet sich in Schönau eine Elterninitiative

Sonntag abend, Spätnachrichten. Die Meldung ist noch unbestimmt: In einem sowjetischen Atomkraftwerk, so heißt es, habe sich wahrscheinlich ein Unglück ereignet. Doch Genaues weiß man nicht zu diesem Zeitpunkt in der westlichen Welt. Nur so viel: In Finnland und Schweden verzeichnen Messstationen erhöhte Strahlenwerte.

Michael Sladek, Landarzt in Schönau im Schwarzwald, ist einer von Millionen Fernsehzuschauern an diesem späten 27. April 1986. Vor Jahren, im Studium, hat er von den fatalen gesundheitlichen Schäden gehört, die Radioaktivität beim Menschen hervorzurufen vermag. Doch für seine tägliche Arbeit war das bisher nicht relevant. Ob sich das jetzt ändern wird? Niemand weiß es. Nur eines ist klar: Die Strahlung wird früher oder später Deutschland erreichen.

„In dem sowjetischen Kernkraftwerk Tschernobyl ist es offenbar zu dem gefürchteten GAU gekommen, dem größten anzunehmenden Unfall.“
Tagesschau, 29. April 1986

Am nächsten Tag wird der Name Tschernobyl bekannt. Doch selbst am Dienstag morgen bleiben die Zeitungen noch wortkarg – es gibt kaum Informationen über Hergang und Ausmaß der Katastrophe, die sich 1600 Kilometer von Schönau entfernt zugetragen hat. An den Kiosken im Wiesental steckt die *Badische Zeitung* in den Ständern – 24 magere Zeilen sind alles, was die Regionalzeitung aufbieten kann. „Unglück in Kernkraftwerk“ steht über der einspaltigen Meldung. Alarmismus sieht anders aus.

Tagesschau, Dienstag, 29. April 1986

Im Sowjetstaat funktioniert die Geheimhaltung noch. Hätten nicht die Skandinavier einen Warnruf ausgesandt, wäre die Katastrophe der Weltöffentlichkeit noch länger verborgen geblieben. Die Messwerte aus Nordeuropa jedoch setzen Moskau unter Druck, die Regierung muss reagieren. Und so tickert – betont unaufgeregt – die amtliche Nachrichtenagentur Tass am Montag ihre Meldung um die Welt: „Maßnahmen werden ergriffen, um die Folgen des Unglücks zu beseitigen.“

Doch die Folgen reichen weit. Weit hinaus über jene Grenzen, die man noch den „Eisernen Vorhang“ nennt, die Grenzen des Ostblocks. Auch in Deutschland wird die Katastrophe wenig später messbar. Am Mittwoch morgen gegen 8 Uhr, es ist der 30. April, verzeichnet das Umweltbundesamt auf dem Schauinsland im Schwarzwald erstmals Radionuklide, die eindeutig aus Tschernobyl stammen: Jod-131, Cäsium-137, auch Cäsium-134. Substanzen, deren Namen schnell Allgemeingut werden.

Der Donnerstag ist Maifeiertag, im Schwarzwald scheint die Sonne. Nur die Strahlung der atomaren Wolke ist auf bedrohliche Weise verbor-

Schönauer Markenzeichen: Das Glühbirnen-Männchen

gen – man sieht sie nicht, man hört sie nicht, man riecht sie nicht. Aber sie ist unverkennbar in der Region angekommen. „Radioaktiver Niederschlag auch in Südbaden“ muss die *Badische Zeitung* am nächsten Tag vermelden. Es ist der 2. Mai, und es ist nichts mehr wie es war – in Schönau nicht, und auch sonst nirgends. Die Atomkraft hat spätestens jetzt ihre Unschuld verloren.

Drei Tage später beschlagnahmt die Polizei in Baden-Württemberg Freilandgemüse. Es ist eine zwar notwendige, aber zugleich auch so unendlich hilflose Reaktion überforderter Behörden. Rolf Wetzel, gebürtiger Schönauer, ist Polizist im Wiesental. Er muss sich von Berufs wegen in diesen Tagen um Strahlenmessungen kümmern. Doch es herrscht Chaos. „Die Zahlen sind nicht belastbar, die Geigerzähler sind falsch“, muss er feststellen.

Zugleich wird die Polizei eingesetzt, um Rundschreiben zum Thema Strahlenschutz an die Bürger zu verteilen. Wetzel erkennt: „Ein solches Ereignis lässt sich nicht organisieren“. Tschernobyl, so merken inzwischen die Menschen im ganzen Land, ist eine jener Katastrophen, für die es keine Einsatzpläne geben kann. „Strahlenfurcht in Europa“ titelt am 12. Mai der *Spiegel*. Und die Alltagssprache ist um ein kleines Wort reicher – um den „GAU“, den „größten anzunehmenden Unfall“. Sogar vom „Super-GAU“ sprechen manche.

„Eine Gefahr besteht nur in einem Umkreis von 30 bis 50 Kilometern um den Reaktor herum.“
Innenminister Friedrich Zimmermann in der Tagesschau am 29. April 1986

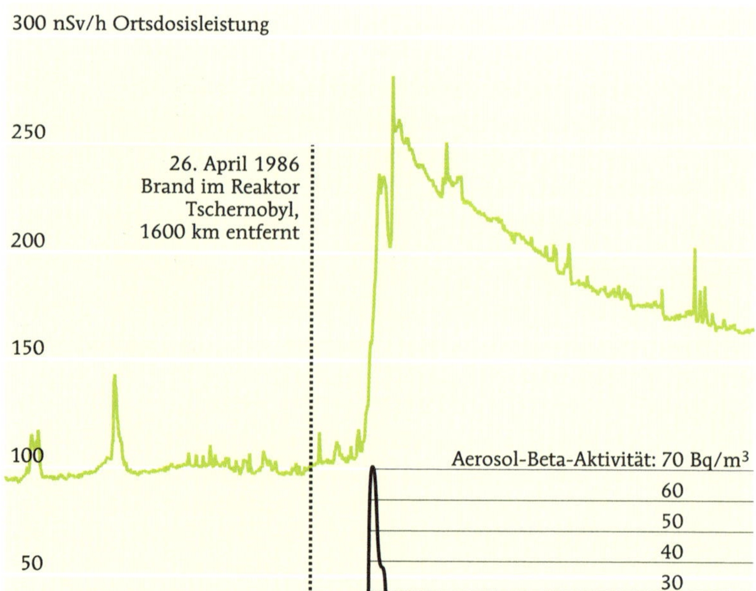

Umweltradioaktivität am Schauinsland im Schwarzwald
Quelle: Bundesamt für Strahlenschutz

Bei sonnigem Maiwetter zum Stubenhocken verdammt

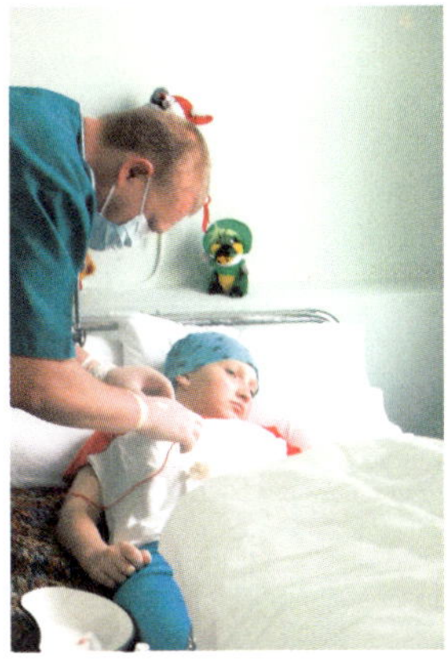

Tschernobyl-Opfer: Kinderklinik in Kiew

Wenige Kilometer entfernt von Schönau liegt die Gemeinde Böllen. Mit rund 100 Einwohnern ist sie die kleinste Kommune in Baden-Württemberg – vielleicht ein Zeichen dafür, dass man hier in der Region gerne seine eigenen Wege geht. Hier hat man sich in den Siebzigern erfolgreich gegen jede Eingemeindung gestemmt.

Veronika Springhart ist pharmazeutisch-technische Assistentin, sie wohnt in Böllen und hat Kinder im Vorschulalter. In diesen Tagen dürfen sie höchstens eine halbe Stunde draußen spielen – trotz schönstem Maiwetter. Denn alle Medien berichten von der Strahlenwolke. „Das ist ganz schön hart für die Kleinen", weiß die Mutter. Wie sollen die Kinder auch Radioaktivität begreifen? Vater Wulf Springhart kann immerhin einen Geigerzähler auftreiben. Das Gerät vermittelt zumindest ein wenig das Gefühl, als könne man aktiv werden. Wirklich helfen kann es freilich nicht.

Ursula Sladek liegt unterdessen mit mehrfach gebrochenem Oberschenkel im Wohnzimmer ihres Hauses im Schönauer Felsenweg. Ein Skiunfall. Auch sie versucht, ihre fünf Kinder davon abzuhalten, draußen zu spielen. Auch ihr gelingt es freilich nicht. Denn für Kinder ist in diesen Tagen alles wie immer. Sonne und Frühsommer eben. Einfach traumhaftes Wetter.

Doch die Wahrheit ist eine andere. Hilflosigkeit dominiert in diesen Wochen das Leben besorgter Eltern – im Wiesental, wie anderswo im deutschen Süden. Man sucht in den Supermärkten nach H-Milch, die noch vor Ende April abgefüllt wurde, doch die wird immer seltener. Man sucht Konserven aus Regionen, die möglichst weit entfernt liegen vom radioaktiven Fallout Tschernobyls. Man beratschlagt sich mit anderen Eltern, vor allem sind es die Mütter. Was gibt man den Kleinen zu essen? Darf man Babys noch stillen in diesen Tagen? Der Frühsommer 1986 ist die Zeit der Selbsthilfe – soweit Selbsthilfe überhaupt möglich ist bei einem Ereignis wie diesem.

Es wird ein Sommer der Becquerel-Tabellen. In Tageszeitungen und Verbraucherheften, in Magazinen und in den Fernsehnachrichten ist die Einheit der radioaktiven Strahlung so präsent wie die Temperatur in der Wetterprognose. Auf dem Schönauer Marktplatz werden abendliche Mahnwachen abgehalten, die letztlich auch nur eine hilflose Betroffenheit der Menschen offenbaren. Moskau unterdessen verbreitet die Anzahl der Todesopfer von Tschernobyl – 31 sollen es sein. Doch es fällt schwer, diese Zahl zu glauben. Und das Gefühl trügt nicht; später wird man erfahren, dass es in Wahrheit Zehntausende sind.

Ausgabe vom 15. Mai 1986

In Deutschland kehrt im Laufe der Wochen und Monate ein wenig die Normalität zurück. Waldpilze und Wildfleisch sind besonders stark verstrahlt, das weiß man, und viele Menschen richten sich danach. Sie haben inzwischen gelernt sich mit dem alltäglichen Strahlenbericht zu arrangieren. „Zwischen Entwarnung und Gefahr" ist eine der Überschriften, die man in diesem Sommer in den Zeitungen liest. Und während sich die ersten Elterninitiativen in Deutschland mit der Urlaubszeit schon wieder auflösen, ist Tschernobyl in der Politik angekommen. Am 26. August beschließt die SPD auf ihrem Nürnberger Parteitag einen Ausstieg aus der Atomenergie innerhalb von zehn Jahren. So weichen Schock und Hilflosigkeit dem politischen Gestaltungswillen.

Zwei Jahre nach Tschernobyl: Schönauer Protest mit hunderten Luftballons

Das Treffen im Schönauer Forsthaus

Wolf-Dieter Drescher wohnt mit seiner Frau Sabine im Schönauer Forsthaus. Sein Vater ist Förster, eine gewisse Naturverbundenheit ist ihm damit in die Wiege gelegt. Auch den Dreschers lässt die gespenstische Bedrohung durch die atomare Strahlung keine Ruhe, und deshalb beschließen sie selbst aktiv zu werden. Sie formulieren eine Meldung für den *Schönauer Anzeiger*, das amtliche Mitteilungsblatt des Städtchens: „Wer hat nach Tschernobyl Angst um die Zukunft seiner Kinder und Enkel? Wer möchte auch etwas tun und weiß nicht wie? Wir suchen Mitstreiter."

Daraufhin findet sich eine kleine Gruppe zusammen. Man trifft sich im Forsthaus, jede Woche. Veronika und Wulf Springhart gehören zum harten Kern, ferner die Lehrerinnen Ursula Sladek, Dagmar Zuckschwerdt und Marion Thäsler, außerdem deren Mann Harro Thäsler. Und Barbara Braun – ihre Tochter ist wenige Wochen vor Tschernobyl geboren.

„Eltern gegen Atomkraft" nennt sich die Gruppe schließlich, und markiert damit den Beginn der politischen Arbeit. Die Selbsthilfe tritt in den Hintergrund. Die Schönauer gehen damit einen Schritt, den viele andere der im Tschernobyl-Trauma gegründeten Initiativen nicht schaffen. Der Name wandelt sich wenig später noch, es werden die „Eltern für atomfreie Zukunft e.V." daraus. Kurz: EfaZ. Denn man möchte lieber für etwas kämpfen, als dagegen. Das klingt zupackender, auch positiver.

Es ist der 19. Mai 1987, als die EfaZ offiziell gegründet wird. Ihr satzungsgemäßes Ziel besteht darin, „Maßnahmen zu fördern und zu ergreifen, die den schnellstmöglichen Verzicht auf die Nutzung der Atomenergie ermöglichen". Die Formulierung lässt Spielräume, ganz bewusst. Man informiert auch über Müllvermeidung, gründet eine Mitfahrzentrale.

Und man bastelt ein pfiffiges Kulturprogramm. Fünf Jahre lang zieht die EfaZ-Band namens „Wattkiller" mit Lehrer Michael Birnstein an der Spitze durch die Region – als erste Botschafterin der neuen Schönauer Lebensart. Und diese ist eindeutig: „Wir wollen den sparsamen Umgang mit Energie fördern und belohnen, und wir wollen das dezentrale Stromerzeugungspotenzial mobilisieren und ausschöpfen." Das freilich wollen andere Initiativen auch. Doch in Schönau muss der Atomausstieg auch Spaß machen. Hier im Oberen Wiesental bekommt der Satz „abschalten und genießen" eine neue Bedeutung.

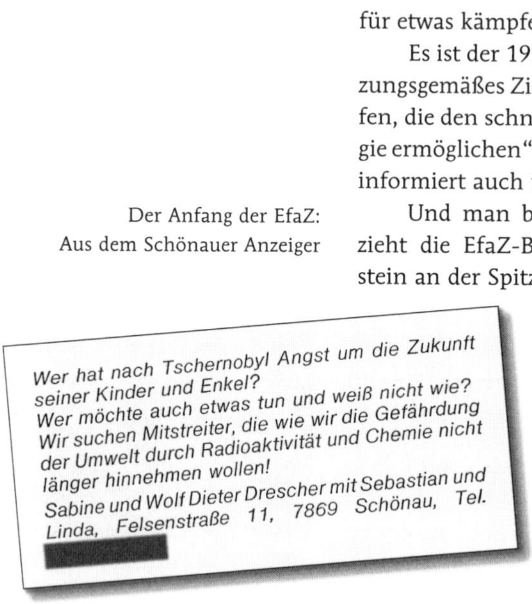

Wer hat nach Tschernobyl Angst um die Zukunft seiner Kinder und Enkel?
Wer möchte auch etwas tun und weiß nicht wie?
Wir suchen Mitstreiter, die wie wir die Gefährdung der Umwelt durch Radioaktivität und Chemie nicht länger hinnehmen wollen!
Sabine und Wolf Dieter Drescher mit Sebastian und Linda, Felsenstraße 11, 7869 Schönau, Tel. [redacted]

Der Anfang der EfaZ: Aus dem Schönauer Anzeiger

Ein Rebellendorf, das keines ist

Badisch liberal und wertkonservativ – revolutionäre Gedanken würde man hier nicht vermuten

Ein ganz normales Dorf ist Schönau. Da gibt es die Narrenzunft und die Arbeiterwohlfahrt, eine Freiwillige Feuerwehr und die Trachtenfreunde. Und natürlich noch viele Vereine mehr.

Wer das Ungewöhnliche sucht, wird auch bei den Wahlergebnissen nicht fündig. Bei der Bundestagswahl 2005 bekam die CDU 41,1 Prozent der Stimmen, die SPD 33,5 Prozent. Die Grünen, die im Gemeinderat nicht vertreten sind, blieben mit 8,4 Prozent knapp unter dem westdeutschen Durchschnitt. „Wir sind kein Rebellendorf, sondern strunznormal", sagt Michael Sladek. Und irgendwie hat er Recht damit.

Aber irgendwie auch nicht. Denn in Schönau vermischt sich ländliches Leben mit einer städtisch geprägten Struktur. Wo sonst gibt es eine Gemeinde mit 2500 Einwohnern, die nicht nur Stadtrechte hat, sondern auch ein Amtsgericht, ein Amtsnotariat und ein Krankenhaus? Wo sonst gibt es eine Gemeinde, die 35 Kilometer von der nächsten Autobahn entfernt ist – also ein miserabler Wirtschaftsstandort sein müsste –, die aber in Wahrheit 1330 sozialversicherungspflichtige Arbeitsplätze hat? Und wo sonst gibt es eine Stadt, die derart von Bergen umkränzt ist, und zugleich eine Offenheit für globale Politik zeigt, wie sie mancher Metropole fremd ist?

Schönau historisch: Postkarte um1920

Umgeben von der Natur des Schwarzwaldes weiß man in Schönau offensichtlich, was es zu bewahren gilt. Die Stadt ist Luftkurort, ihre Fläche zu 80 Prozent bewaldet. Vom Ortskern in 527 Meter Höhe reichen die Berghänge bis über 1400 Meter empor.

Schönau wurde im Jahre 1113 erstmals urkundlich erwähnt, und erhielt 1809 die Stadtrechte. Schon vor Jahrzehnten ging man hier eigene Wege: Als allenthalben die Dörfer in die Städte eingemeindet wurden, beließ man im Oberen Wiesental den Kommunen ihre Selbständigkeit – und so blieben neben Schönau auch Aitern, Fröhnd, Schönenberg, Utzenfeld, Wieden, Böllen, Tunau und Wembach jeweils eigene Gemeinden.

Textil- und Bürstenindustrie prägten seit dem 19. Jahrhundert das örtliche Gewerbe. Während die Textilbranche in den Nachkriegsjahrzehnten weitgehend zugrunde ging, konnten sich die Bürstenfabriken halten. Drei gibt es noch heute: Die Wilden AG, die Frisetta Kunststoff GmbH (beide Zahnbürsten), sowie die Frank Bürsten GmbH (Schuhbürsten und technische Bürsten). Vor allem ihnen verdankt Schönau seine niedrigen Arbeitslosenzahlen.

All das klingt nicht nach einer Brutstätte für revolutionäre Gedanken. Und dennoch – oder vielleicht gerade deswegen – konnte hier eine „Allianz aus altliberalen, wertkonservativen und postmaterialistischen Positionen" (so der Politikwissenschaftler Patrick Graichen) Ungewöhnliches bewegen. Eine Allianz, deren Charme stets ihr selbstbewusstes und unaufgeregtes Auftreten war – ohne die laute Rhetorik klassischer Rebellion. „Aber das", findet Sladek, „macht uns für das System vielleicht gefährlicher".

Ausgabe vom 5. Mai 1986

Im Fokus: Ein Gesetz aus der Nazizeit

Mediziner Michael Sladek ist inzwischen zur EfaZ hinzugestoßen und treibt wie kein anderer die Politisierung der Gruppe voran. Denn er sieht das geltende Energiewirtschaftsgesetz als Ursache der zentralistischen und umweltzerstörenden Stromwirtschaft und will es deswegen kippen. „Eine effiziente, dezentrale Energieversorgung benötigt ein neues Energiewirtschaftsgesetz“, sagt er. Die EfaZ hat er hinter sich bei dem Ansinnen, das Energiewirtschaftsgesetz durch ein Normenkontrollverfahren prüfen zu lassen.

Denn unstrittig ist, dass das seinerzeit gültige Gesetz den Zielen einer ökologischen Stromwirtschaft entgegen steht. Es ist ein Fossil, erlassen am 13. Dezember 1935 mit dem Ziel, - so die Präambel - „die Energieversorgung so sicher und billig wie möglich zu gestalten“ und „volkswirtschaftlich schädliche Auswirkungen des Wettbewerbs zu verhindern.“ Das Gesetz legitimiert folglich die Monopole und damit die zentralistischen Strukturen, die wenig energieeffizient sind. Es blockiert unabhängige Erzeuger von Strom aus erneuerbaren Energien. Viele Kleinwasserkraftbetreiber hatten das in den Nachkriegsjahrzehnten erleben müssen: Sie wurden unter Druck gesetzt, ihre Kleinkraftwerke abzuschalten, wenn sie einen Netzanschluss wünschten.

„Wir waren ursprünglich weder politisch noch ökologisch engagiert - meine Motivation war die Zukunft meiner fünf Kinder.“
Ursula Sladek

So lenkt dieses Gesetz von 1935 auch 1987 noch die Kapitalströme vor allem zu den großen Erzeugern. Erkennbar untersteht die Energiewirtschaft also noch immer den Maßgaben der Kriegswirtschaft des Dritten Reiches, denn nach wie vor ist im Gesetz festgelegt, dass Stromversorger den Bau, die Erweiterung und auch die Stillegung eines Kraftwerkes beim Reichswirtschaftsminister anzuzeigen haben.

Anzeige im Mitteilungsblatt geschaltet: Sabine Drescher

Beim Reichswirtschaftsminister – das ist der Wortlaut im deutschen Gesetz Jahrzehnte nach Kriegsende. Denn der Gesetzgeber hatte es noch nicht für nötig befunden, die Formulierung anzupassen. Eben jener Reichswirtschaftminister hatte einst die Befugnis, alles abzulehnen, was nicht ins Konzept des nationalsozialistischen Staates passte. Damit sollte das Gesetz sicherstellen, dass der expandierenden Rüstungsindustrie immer ausreichend Strom zur Verfügung stand.

Dieses Gesetz also, ein Konstrukt im Sinne der nationalsozialistischen Gleichschaltung des Staates, ist noch immer gültig, als die EfaZ sich 1987 zusammenfindet. Michael Sladek ist davon überzeugt, dass ein solches Regelwerk kaum mehr verfassungskonform sein könne. Doch wird eine kleine Bürgerinitiative aus dem beschaulichen Wiesental eine Änderung des deutschen Energiewirtschaftsgesetzes anstoßen können? Ingo Braun, Amtsnotar in Schönau - über seine Frau Barbara der EfaZ verbunden - unterstützt die Initiative mit seinen juristischen Kenntnissen – doch das Ansinnen Sladeks hält er für utopisch.

Ausgabe vom 24. April 1990

Gleichwohl weiß auch er, dass die fatalen Folgen des Gesetzes aus der Nazizeit noch immer fassbar sind. In Schönau hatte man im vorangegangenen Jahrzehnt hautnah erleben können, wie die Stromwirtschaft ihre Monopole und den Absatz ihres Atomstroms sichert. Als im Jahre 1974 die Kraftübertragungswerke Rheinfelden (KWR) das Schönauer Stromnetz von der Stadt übernahmen, machten sie zugleich eine Stilllegung der beiden funktionstüchtigen Wasserkraftwerke am Flüsschen Wiese zur Bedingung. Selbst einen Verkauf der städtischen Werke an Dritte zur Eigenstromerzeugung ließ der neue Schönauer Netzmonopolist nicht zu. Solche Aktionen waren typisch für diese Zeit. Die Stromversorger hatten Kompetenzen, die an Allmacht grenzten.

„Entwickeln Sie ein liebevolles Verhältnis zu Ihrem Stromzähler."
Schönauer Stromsparbroschüre

So kommt die Kritik am Energiewirtschaftsgesetz in der frühen Nach-Tschernobyl-Zeit nicht von ungefähr. Die EfaZ erwirkt im Juni 1987 auf dem 22. Evangelischen Kirchentag in Frankfurt immerhin eine Resolution, in der die Bundesregierung ersucht wird, das Gesetz in eine zeitgemäße Form zu bringen. Konsequenzen: keine. Auch der 1. Schönauer Energietag am 7. November 1987 im Pfarrhaus der evangelischen Kirche ist noch geprägt von der Vorstellung, der Weg zum Ausstieg aus der Atomenergie könne einzig und allein über eine Änderung des Energiewirtschaftsgesetzes erfolgen. Der anschließende Aufbau einer dezentralen Energieversorgung scheint Michael Sladek fast schon als zwangsläufige Konsequenz.

„Die alte Tante Energiewirtschaftsgesetz, die aus dem Dritten Reich stammt, muss endlich abgelöst werden durch ein in sich schlüssiges neues Gesetz."
Rainer Brechtken (SPD), Staatssekretär im baden-württembergischen Wirtschaftsministerium, 1992

Doch politische Fortschritte in dieser Sache sind nicht erkennbar. Michael Sladek, der große Vordenker und Stratege der EfaZ, muss zunehmend erkennen, dass „auch berechtigte Forderungen an die große Politik keinerlei Änderungen herbeiführen". Er hat viel gelernt in dieser Zeit über politische Strukturen und über die Trägheit des Systems – und schlägt dann den Kurswechsel ein: „Wir müssen bereit sein, die Dinge selbst in die Hand zu nehmen", sagt er schließlich, „der Atomausstieg muss im Kleinen begonnen werden, die große Politik allein kann's nicht schaffen!" Im Rückblick ist diese Erkenntnis entscheidend für all das, was noch kommen sollte.

„In einigen Städten der Bundesrepublik wurden inzwischen die Spielplätze geschlossen. Messungen hatten ergeben, dass unter anderem Sandkästen hohe Radioaktivitätswerte aufweisen."
Tagesschau, 5. Mai 1986

Und so zoomt die EfaZ ihre Aktivitäten von der großen Politik auf die Gemeinde herunter: Handeln vor Ort wird nun zum Credo. Bereits am 19. Januar 1988 präsentiert die Gruppe ihren ersten Stromsparwettbewerb in Schönau. Dazu gibt es Vortragsveranstaltungen und Infostände. Im Wochenblättchen der Stadt werden über ein Jahr hinweg Spartipps platziert, es werden persönliche Beratungsgespräche angeboten, Vorträge, Konzerte und Tagungen veranstaltet. Und eine Broschüre mit einem Glühbirnen-Männchen, das stets auf Energieeffizienz bedacht ist, wird zum Markenzeichen der EfaZ.

„Seid froh, wenn wir Euch nicht verklagen"

Dann kommt die Idee mit den alten Stromzählern auf. Die EfaZ will die Geräte im Rahmen der Sparaktion anbieten, als Zwischenzähler. So sollen die Haushalte im Städtchen die Möglichkeit bekommen, den Verbrauch einzelner Geräte stets präzise zu kontrollieren. Warum also nicht beim zuständigen Versorger nachfragen? Der hat doch alte Stromzähler genug. Wolf-Dieter Drescher, der als Energieanlagenelektroniker seine Ausbildung einst sogar bei den KWR absolvierte, weiß es genau: Die Geräte liegen dort zuhauf im Lager. Und vielleicht, so hoffen die Schönauer Eltern, haben die KWR ja sogar Lust, mit einzusteigen in den Wettbewerb. Noch traut man den KWR eine gute Portion Bürgernähe zu.

„In Baden-Württemberg gibt es seit heute morgen auf den Märkten und in den Großmarkthallen praktisch ein Verkaufsverbot für Blattgemüse aus dem Freilandanbau."
Tagesschau, 5. Mai 1986

Der Anfrage in Rheinfelden folgt ein Besuchstermin am Hochrhein – er endet im Fiasko. „Die haben uns quasi rausgeworfen",

Von Anfang an dabei: Dieter und Dagmar Zuckschwerdt

„Keine Mark für Atomkraftwerke"

Der Zahlungsboykott in den siebziger Jahren – als ein Stromwechsel noch unmöglich war

Wahlfreiheit gab es in den siebziger Jahren noch nicht – der Strom kam vom Monopolisten, und dieser bestimmte den Energiemix. Dem Atomstrom war folglich nicht zu entkommen.

Um gleichwohl Druck auf die Versorger zu machen, erfanden Atomkraftgegner den Stromzahlungsboykott: Die monatliche Stromrechnung wurde fortan nur noch zu 90 Prozent beglichen, die restlichen zehn Prozent gingen auf ein Treuhandkonto. Slogan: „Keine Mark für Atomkraftwerke".

In Hamburg nahmen ab Oktober 1977 mehr als 400 Haushalte am Boykott teil, bald darauf folgten 140 in Frankfurt. Schon früh gaben sie sich den Namen „Strobos". In den kommenden anderthalb Jahren gründeten sich in 20 deutschen Städten entsprechende Gruppen; die aktivsten gab es in Stuttgart, München, Dortmund, Freiburg, Göttingen, Oldenburg, Darmstadt und Westberlin. Mitte 1979 hatten sie zusammen 1000 Mitglieder.

Parallel dazu wurde die Aktion „Giroblau" gestartet. Umweltgruppen riefen die Stromkunden dazu auf, ihre Einzugsermächtigungen gegenüber den Versorgern zu kündigen. Sie empfahlen, die Stromrechnung fortan in Teilbeträgen auf verschiedene Konten des Unternehmens zu überweisen, Verrechnungschecks einzuschicken („macht irre viel Arbeit"), die Kundennummer bei der Zahlung zu unterschlagen oder zu „modifizieren", sowie die Rechnung mehrerer Haushalte als Gesamtbetrag zu überweisen. Auf das Überweisungsformular schrieb man außerdem: „Kein Strom aus Wyhl und Fessenheim" – oder Ähnliches.

Flugblatt-Logo von 1979

Während „Giroblau" völlig legal war und die Versorger dagegen wenig unternehmen konnten, schritten die Unternehmen beim Zahlungsboykott oft sehr schnell ein. Bald hatten daher die Amtsgerichte über die Rechtmäßigkeit des Boykotts zu entscheiden. Die meisten gaben den Versorgern recht: Wer Strom bezieht, müsse diesen auch bezahlen.

Aber es gab auch die andere Sichtweise. Das Amtsgericht Stuttgart wies im Juli 1979 eine Klage der Technischen Werke der Stadt Stuttgart (TWS) gegen zwei Boykotteure als „zur Zeit nicht begründet" zurück. (Az. 7 C 4630/79) Schließlich sei die Entsorgung des Atommülls nicht gewährleistet, und zudem sei seit dem Reaktorunfall in Harrisburg im März 1979 „offenkundig", dass „die Atomtechnik nicht beherrscht wird und dass es gegen ihre Gefahren keinen Schutz gibt". Damit stehe den Kunden ein „Zurückbehaltungsrecht" zu. Die *Badische Zeitung* in Freiburg kommentierte das „grüne Urteil" als „literarische Feinkost", die Berliner *taz* als „Meilenstein", die Wochenzeitung *Die Zeit* als „fast sensationell". Und das Magazin *Stern* schrieb lapidar: „Justiz gegen Kernkraft".

Eine Berufung gegen das Urteil war nicht möglich, weil der Streitwert mit 39,60 Mark im einem Fall, und 68,32 Mark im anderen zu gering war. So zogen die TWS vor das Bundesverfassungsgericht, mussten sich dort jedoch sagen lassen, dass ihre Klage „keine hinreichende Aussicht auf Erfolg" habe und die TWS zudem nicht beschwerdebefugt seien.

Während der unterlegene Versorger nun darüber nachdachte, Strom künftig per Münzzähler abzugeben, machte das Stuttgarter Urteil den Boykotteuren bundesweit Mut. In Freiburg zum Beispiel waren bald 180 „Strobos" aktiv, man traf sich jede Woche. Die Freiburger Stadtwerke FEW reagierten jedoch anders als ihre Stuttgarter Kollegen – sie stellten den Atomkraftgegnern kurzerhand den Strom ab.

„Nein haben wir gesagt"
Plakat aus dem Anti-Wyhl-Kampf

erinnert sich später EfaZ-Mitstreiter Horst Radny, „überhaupt nicht ernst genommen haben die uns". Und dann habe KWR-Vorstand Gerhard Haury noch gesagt: „Seid froh, wenn wir Euch wegen der Stromsparaktionen nicht verklagen." Wegen Geschäftsschädigung.

So hinterlässt der erste Kontakt mit dem örtlichen Netzbetreiber bei allen beteiligten Schönauern erhebliche Spuren. Horst Radny ist Kommunikationstechniker und ein bodenständiger Mensch. Er hat schon mit mancher Firma zu tun gehabt, doch nach dem Besuch in Rheinfelden empfindet er „eine Überheblichkeit, die weh tut". 20 Jahre später wird er sagen: „Hätten die KWR sich damals kooperativ gezeigt, gäbe es die Elektrizitätswerke Schönau heute nicht." Denn es sei „die Arroganz" des Monopolisten gewesen, die „bei der EfaZ Opposition provoziert" habe: „Deren Abfuhr hat uns richtig angestachelt." Und Wolf-Dieter Drescher wird später bilanzieren: „Die KWR hätten uns ins Leere laufen lassen können, wenn sie etwas geschickter agiert hätten."

Also agiert die EfaZ weiterhin alleine, mit viel Spaß zwar, aber ohne die KWR. Fünf Jahre lang veranstalten die Eltern ihre Stromsparaktionen. Alte Stromzähler haben sie inzwischen aufgetrieben - vom benachbarten Elektrizitätswerk in Utzenfeld.

Der örtliche Handel gibt zugleich stromsparende Küchengeräte mit Rabatt ab, die Sparkasse vergibt günstige Kredite für Investitionen. Weitere Stromsparbroschüren werden verfasst, und neben 140 Schönauer Haushalten nimmt auch die Stadtverwaltung am Wettbewerb teil, indem sie das Krankenhaus und das Gymnasium anmeldet. Michael Sladek gibt unterdessen den Slogan aus: „Entwickeln Sie ein liebesvolles Verhältnis zu Ihrem Stromzähler, besuchen Sie ihn täglich." Er hat ein Gespür für einprägsame Formulierungen.

Schönauer Motto: Wer verändern will, muss Geldströme umlenken – also Kröten wandern lassen.

44.000 Kilowattstunden an Stromeinsparung werden so binnen eines Jahres in Schönau dokumentiert. Die Teilnehmer senken ihren Verbrauch um durchschnittlich 20 Prozent, einzelne sogar um fast die Hälfte. Die Sieger bekommen Preise, gespendet von Firmen aus dem Umkreis. Der Hauptgewinn ist eine Busreise nach Italien. Und bei einem Umweltquiz gibt es ein Essen im Gasthaus Vier Löwen zu gewinnen: Uli Behringer, Starkoch in Paris mit Wiesentäler Wurzeln, ist für dieses Ereignis angereist.

Und langsam beginnt auch die überregionale Presse, sich für das ungewöhnliche Treiben zu interessieren. Ende 1989 nimmt sich sogar die Frauenzeitschrift *Brigitte* der Schönauer Ereignisse an: „Wenn das alle täten, hätten wir weniger Umweltprobleme" ist kurz darauf in dem Heft zu lesen. Schönau ist in der Medienwelt angekommen.

„Nai hämmer gsait"

Widerstand hat in Baden Tradition – vor allem, wenn es um Atomkraft geht

Warum gerade Schönau? – die Frage wird oft gestellt. Und die Antwort hat auch ein wenig mit Baden zu tun. Oder genauer noch: mit Südbaden. Denn zur Geschichte dieser Region gehörte immer eine Portion Aufmüpfigkeit.

Seit es die Atomkraft gibt, ist sie das Hauptthema des badischen Widerstandes. Und der wurde so erfolgreich geführt, wie nirgends sonst in Europa. In Breisach am Rhein stoppte das Badenwerk im Juli 1973 – vom Protest der Bevölkerung überwältigt – sehr schnell seine Pläne zum Bau eines Atommeilers.

Sofort zog das Unternehmen 15 Kilometer weiter gen Norden, nach Wyhl am Kaiserstuhl, in der Hoffnung, dort auf weniger Protest zu stoßen. Doch der Widerstand wurde noch größer: Die ersten Bäume waren schon gefällt in den Rheinauen, als am 23. Februar 1975 Tausende von Bürgern den Bauplatz besetzten.

Beflügelt wurde der Protest durch einen Erfolg jenseits des Rheins: Seit September 1974 nämlich war im elsässischen Marckolsheim der Bauplatz eines Bleichemiewerks besetzt. Und kaum war auch in Wyhl das Gelände von Bürgerinitiativen eingenommen, stoppte am 25. Februar 1975 die französische Regierung den Bau des Chemiewerkes.

Der Protest war von Anfang an grenzüberschreitend, was auch durch die Gründung der Badisch-Elsässischen Bürgerinitiativen im August 1974 zum Ausdruck kam. Mit dem Slogan „Nai hämmer gsait" zwangen sie in einem jahrelangen Kampf in Wyhl das Badenwerk in die Knie – und der Ort am Kaisersuhl ging als Geburtsstätte der europäischen Anti-Atom-Bewegung in die Geschichte ein. Weitere Erfolge in Südbaden folgten. Der Bau eines Atomreaktors in Schwörstadt am Hochrhein wurde abgeblasen, ebenso der Bau einer Brennelementefabrik in Heitersheim südlich von Freiburg. So blieb Südbaden frei von Atomanlagen.

Auch über die Grenzen strahlten die Erfolge aus: Ein Atomreaktor in Kaiseraugst bei Basel wurde verhindert, nachdem der Bauplatz ab April 1975 besetzt war. Und selbst in Frankreich vereitelte im Jahr 1977 massiver Widerstand die Pläne der Electricité de France, im elsässischen Gerstheim einen Atommeiler zu errichten.

In einem Fall allerdings kamen die Badisch-Elsässischen Bürgerinitiativen zu spät: Im französischen Fessenheim, unmittelbar hinter der deutschen Grenze, gingen in den Jahren 1977 und 1978 zwei Atomreaktorblöcke ans Netz – ihr Bau hatte bereits 1971 begonnen.

Erfolgreicher Bürgerprotest: Wyhl 1975

Wenngleich heute vor allem die siebziger Jahre für den badischen Bürgerprotest stehen, so hat der Widerstand in dieser Region eine weitaus längere Geschichte. Denn obrigkeitshörig war man hierzulande nie. Und so sehen sich viele Kämpfer – ob in Wyhl oder Schönau – in der Tradition der badischen Revolutionäre, die 1848 versuchten, von Südwestdeutschland ausgehend, eine demokratische Republik durchzusetzen, mit Gleichheit, Bürgerrechten und sozialer Absicherung. Doch sie wurden von preußischen Truppen niedergeschlagen.

Fördern das Stromsparen: Eltern für atomfreie Zukunft

Der Einstieg in die Eigenstromerzeugung

Die Treffen der Energieinitiative haben sich inzwischen vom Forsthaus ins Wohnzimmer der Familie Sladek verlagert. An jenen großen runden Tisch, an dem später nach und nach die gesamte Prominenz der deutschen Öko-Energiewirtschaft Platz nehmen wird. Er wird zum „Epizentrum des energiepolitischen Erdbebens" – um den *Westdeutschen Rundfunk* einmal zu zitieren.

Michael Sladek ist seit Oktober 1989 im örtlichen Gemeinderat für die Freien Wähler vertreten. Auch das ist Teil seiner Entscheidung, die Energiewende im Lokalen loszutreten. Zugleich rücken unternehmerische Aktivitäten in den Vordergrund - nicht jedoch um das große Geld zu verdienen, sondern schlicht aus pragmatischen Erwägungen: „Wer verändern will, muss Geldströme umlenken", sagt Sladek. Und zwar weg von den Atomfirmen, hin zu innovativen, bürgernahen Firmen.

Die Gründung der Gedea, der Gesellschaft für dezentrale Energieanlagen mbH, am 2. November 1990 ist die logische Konsequenz. Ihre Aufgabe soll es sein, „den sparsamen Umgang mit Energie und die Nutzung bleibender Energiequellen mit allen verfügbaren Mitteln zu fördern und zu betreiben". Konkret: Blockheizkraftwerke zu betreiben und erneuerbare Energien zu nutzen. Im Hause der Sladeks hat die Gedea ihren ersten Firmensitz.

„Ich war Zentralist, ich dachte, man muss nur an einer Schraube drehen - und das war für mich die Novelle des Energierechts; im September 1990 wurde mir dann klar, dass der Ansatz gescheitert ist."
Michael Sladek

Doch schon bald rückt die junge Firma in den Hintergrund der Schönauer Aktivitäten. Denn plötzlich steht eine Art Notaktion an: Die KWR wollen die Lieferung von Atomstrom nach Schönau langfristig zementieren; von den Forderungen der EfaZ nach Stromsparaktionen und einem atomstromfreien Schönau wollen sie nichts wissen. So sieht die

Kennt die alten Stromzähler der KWR aus seiner Ausbildungszeit: Wolf-Dieter Drescher

Geigerzähler aufgetrieben: Veronika und Wulf Springhart

EfaZ nur noch eine Möglichkeit, ihr Ziel zu erreichen: Durch die Übernahme des Stromnetzes.

Das klingt reichlich vermessen, doch Kleinmut ist den Schönauer Atomkraftgegnern fremd. Und so konstituiert sich am 30. November 1990 die Netzkauf Schönau GbR – als Frontalangriff gegen die Politik der KWR. Die Medien prägen daraufhin das Wort „Stromrebellen".

„Jeder hat versucht, möglichst viel Strom zu sparen. Denn der umweltfreundlichste Strom ist der, der nicht produziert wird."
Ursula Sladek

Während in den folgenden Jahren der Kampf um das örtliche Stromnetz hochkocht, hat die EfaZ weiterhin ihre eigenen Themen – unter anderem hilft sie Strahlenopfern. Seit 1991 arbeitet sie eng mit der Christlichen Aktion Mensch Umwelt e. V. (CAMU) in Alsbach-Hähnlein zusammen. Deren Vorsitzender Manfred Bäurle kommt mehrfach nach Schönau, um über die Situation in Kiew zu berichten, 100 Kilometer entfernt von Tschernobyl. Dort unterstützt die Aktion unter anderem die hämatologische Abteilung der Klinik Ochmadet, die vor allem Kinder behandelt, die an Leukämie erkrankt sind.

„Bundesweit ergäbe das, wenn alle wie in Schönau sparten, 8,64 Millionen Tonnen Kohlendioxid weniger, rund 59.000 Tonnen Schwefeldioxid, 26.300 Tonnen Stickoxid."
Der Spiegel über den Stromsparwettbewerb

Der Kontakt nach Schönau mündet in ein Besuchsprogramm. Im Sommer 1993 lädt die EfaZ 20 Kinder aus Kiew in den Schwarzwald ein. Sie sind zumeist zehn oder elf Jahre alt, sie waren Kleinkinder, als in Tschernobyl der Reaktor brannte. Im „Haus Bergfried" am Belchen werden sie untergebracht, versorgt und bekocht von den Müttern der EfaZ. So genießen die Kinder aus der Ukraine drei Wochen Erholung von der tödlichen Strahlung. Soweit das überhaupt möglich ist.

Zwei Jahre später kommen wieder Kinder aus Kiew, viele sind zum zweiten Mal dabei; diesmal wohnen sie in Gastfamilien in Schönau und Umgebung. Eines der Mädchen ist nicht mehr darunter, sie ist zwischenzeitlich an Leukämie verstorben. In den offiziellen Statistiken der Tschernobyl-Opfer wird sie nie auftauchen.

Erholung von der Strahlung: Kinder aus der Ukraine zusammen mit Schönauer Kindern im Sommer 1995 vor dem heutigen EWS-Gebäude

„Dieses Engagement der Bürger ist als beispielhaft zu bewerten. Überall wird doch die Verdrossenheit, das Desinteresse der Bürger für das Gemeinwohl beklagt, hier wird jedoch das Gegenteil demonstriert."
Egon Barbisch, 1991 über die Netzkauf

„Info-Stände in Schönau waren irgendwie verdächtig - man kannte in Schönau bis dahin keine Info-Stände."
Ursula Sladek

Auch in den folgenden Jahren spendet die EfaZ immer wieder Geld für die Strahlenklinik in Kiew. Einige tausend Mark sind es jährlich. Die Spenden kommen von den EfaZ-Mitgliedern und von zahlreichen Aktionen wie Märkten und Benfizkonzerten.

Irgendwann, es ist Anfang der 1990er Jahre, ist wieder Flohmarkt im Städtchen. Wie immer hat auch die EfaZ einen Stand, an dem sie gespendete Waren zugunsten der Tschernobyl-Opfer verkauft. Viele Menschen aus dem Ort haben Dinge gestiftet, die sie nicht mehr brauchen.

Ein Kinderbett ist auch darunter. Eine Schönauer Mutter hat es abgegeben, jedoch mit einer ungewöhnlichen Bitte: Man möge nicht verraten, dass dieses vor über zwanzig Jahren ihrem Sohn Joachim gehört habe. Es findet schnell einen Käufer. Der freut sich über ein namenloses Bett, und die EfaZ über die Einnahmen. Sohn Joachim macht unterdessen Sportlerkarriere. Heute ist „Jogi" Löw Fußballbundestrainer.

Und die EfaZ existiert noch immer. Weiterhin unterstützt sie Kinder in der verseuchten Region um Tschernobyl. Und sie muss dabei erfahren, dass die Zahl der Krebserkrankungen bei Kindern ihren Höhepunkt auch 20 Jahre nach dem Unfall noch nicht überschritten hat.

Die Frage von einst, ob die Radioaktivität und ihre medizinischen Folgen den Dorfarzt Michael Sladek bald beschäftigen werden, ist unterdessen mit „ja" beantwortet. Die tödliche Strahlung ist zu einem zentralen Teil seiner Arbeit geworden, wenngleich auch anders, als man im April 1986 befürchten musste: Nicht in der Praxis und bei Hausbesuchen ist das Strahlenrisiko für Sladek das große Thema geworden – sondern in der Lokalpolitik.

Eine Bürger-Firma für Kleinkraftwerke

Auch die Gedea in Murrhardt hat Schönauer Wurzeln

Die Idee fiel in eine Zeit, als Windkraft in Süddeutschland noch als abwegig galt. Eine Gruppe von 40 Bürgern entschloss sich im Sommer 1988, die erste größere Windkraftanlage Baden-Württembergs zu errichten. Am Auenberg in Hüfingen sollte sie ein Zeichen setzen gegen die Gefahren der Atomkraft – Tschernobyl lag gerade zwei Jahre zurück.

Und so wurde im September 1988 die Pionier-Windmühle Auenberg GbR gegründet. Einige Gesellschafter fuhren nach Dänemark, wo sie drei Herstellerfirmen von Windrädern besichtigten. Sie entschieden sich für eine 95-Kilowatt-Anlage und brachten diese im Mai 1990 im Stadtteil Hausen vor Wald ans Netz. 350.000 Mark hatten sie investiert – wohlwissend, dass sich das Projekt niemals rechnen würde.

Einer der Gesellschafter war Dieter Schäfer. Er kam aus dem schwäbischen Murrhardt, wo einst auch die Sladeks wohnten. Man kannte sich von damals, und so saß auch er in dieser Zeit manchmal am großen runden Tisch im Schönauer Felsenweg.

Dabei wurde bald klar, dass die Schönauer Energiewende eine Firma braucht, die Kleinkraftwerke projektiert und betreibt. Und so gründeten 31 Bürger – überwiegend Schönauer – am 2. Oktober 1990 die Gesellschaft für dezentrale Energieanlagen mbH. Kurz: Gedea. Mit der Geschäftsführung wurde Schäfer betraut. Schließlich verfügte er durch das Projekt Auenberg über entsprechende Erfahrung.

Ohnehin hatte der junge Realschullehrer für solche Projekte mehr übrig als für politische Arbeit. Das Projekt kam ihm auch aus anderem Grund sehr recht. „Ich wollte nicht mehr in den Schuldienst“, erzählte er später, „ich wollte etwas mit Blockheizkraftwerken machen, wollte Betreibergesellschaften gründen“. Engagiert ging er daher an die Sache: Mit Mitstreitern

Von der Gedea angestoßen: reaktiviertes Linachkraftwerk

fuhr er nach Schweinfurt zur Firma Fichtel & Sachs, wo gerade die ersten Kleinkraftwerke für den Hausgebrauch gebaut wurden. Heute kennt man sie unter dem Namen „Dachs“ aus dem Hause Senertec.

In Schönau wurde die Gedea jedoch schnell von den Ereignissen überrollt – plötzlich war die Aktion Netzkauf wichtiger. Zwar wurde die Gedea noch Gründungsgesellschafterin der Netzkauf, und Dieter Schäfer war es, der dafür nach seiner Erfahrung am Auenberg die Rechtsform GbR empfahl. Gleichwohl stand er nie vorbehaltlos hinter der Aktion. „Ich konnte nie sagen, der Kauf des Netzes ist super“, sagte er später, „trotzdem war die Gründung der Netzkauf zweifellos nötig, als Abwehrmaßnahme gegen die KWR“.

Schäfer konzentrierte sich fortan auf die Gedea und zog sich aus den Schönauer Aktionen zunehmend zurück. Er reaktivierte Wasserkraftanlagen, brachte Blockheizkraftwerke ans Netz, baute eine Biogasanlage und Windräder. Sein prominentestes Projekt war im Dezember 1998 die Reaktivierung des Linachkraftwerks bei Vöhrenbach: Eine Wasserkraftanlage aus den zwanziger Jahren mit einer bautechnisch ungewöhnlichen Talsperre.

„Schönau ist eine bildhübsche Schwarzwaldgemeinde mit rund 2600 Einwohnern. Und die verfügen über eine Hartnäckigkeit und den Freiheitssinn, für den diese Region seit langem bekannt ist: Hier widersetzten sich die katholischen Salpeterer der österreichischen Vorherrschaft, hier siedelte der Kern der Freischärler von 1849, und mit den Sitzblockaden renitenter Bauern und Winzer gegen das Kernkraftwerk Wyhl begann in Deutschland der Widerstand gegen die Atomenergie. Zudem verfügen die Leute im Badischen über einen enormen Sinn fürs Praktische. Als Tschernobyl über die Welt hereinbrach, blieb es in Schönau nicht beim schieren Entsetzen oder der schieren Resignation. Vielmehr bildete sich die Elterninitiative für eine atomfreie Zukunft e. V., und die beschloss bald, etwas zu unternehmen um vom eigenen Atomstromverbrauch loszukommen."

Der bayerische Schriftsteller Carl Amery im Süddeutsche Zeitung Magazin am 6. September 1996

Ursula Sladek

Die Stromrebellin

Man darf sich davon nicht täuschen lassen, aber Ursula Sladek kann unglaublich charmant sein. Dann sitzt sie da mit ihrem freundlichen Pagenkopf, blinzelt einen an mit blauen Augen, die sehr verschwörerisch blitzen können, und fast wäre man versucht, mit ihr zu flirten. Sie ist eine lebenslustige Frau, dazu ein starker Schuss badische Hausfrau und Mutter, sie ist lebenstüchtig, gewitzt und pragmatisch.

Das ist aber höchstens die Hälfte der Wahrheit. Den anderen Teil haben schon die verschiedensten Verhandlungspartner schmerzhaft zu spüren bekommen. Dann gibt es Momente, wo sich ihre Augen zu schmalen Schlitzen verengen, der freundliche Blick stechend wird und die sanfte Stimme gefährlich leise. Und wo sie beispielsweise sagt: „Sowas lassen wir uns nicht gefallen".

Da ist sie plötzlich, diese fast heilige Empörung, die so oft im Spiel ist, wo Menschen irgendwie in eine Sache reinrutschen, weil sie ihrem Gefühl folgen, und ganz gegen ihren anfänglichen Willen zu Pionieren werden. „Als wir hier herzogen", sagt Ursula Sladek, 1977 nämlich, „da waren wir weder besonders politische Menschen noch ökologisch orientiert" – sondern nur ein Arztehepaar mit drei kleinen Kindern, das sich hier niederlassen wollte in diesem schönen Ort im Schwarzwald. Aus den drei Kindern wurden fünf, das Leben ging seinen Gang.

Und dann, 1986, kam Tschernobyl. „Wir waren ja wahnsinnig naiv damals", sagt Ursula Sladek, „wir dachten, die Politik wird reagieren, die werden die Atomkraftwerke stilllegen. Aber nichts passierte. Außer, dass die Grenzwerte raufgesetzt wurden." Als ein paar Monate nach dem GAU immer noch keine Energiewende in Sicht war, schlossen sich die Sladeks einer Elterninitiative an, die sich im Ort gegründet hatte. Sie nannten sich „Eltern für eine atomfreie Zukunft". Man wollte bei sich selbst anfangen, im Kleinen. Strom sparen, den Umgang mit Energie verändern. „Wir fanden zum Beispiel die übliche Preisgestaltung unsinnig, mit dem hohen Grundbetrag. Das animiert ja nicht zum Sparen. Wir sind dann irgendwann zu unserem Stromversorger und haben denen gesagt, helfen Sie uns Strom zu sparen. Da haben die geantwortet: Sind Sie verrückt? Wir leben davon, Strom zu verkaufen, warum sollten wir Ihnen sparen helfen?" Ursula Sladek macht eine Pause. Ihre Augen werden wieder schmal. „Und dann sagten die noch: Passen Sie auf, dass wir Sie nicht wegen Geschäftsschädigung verklagen."

So also fing das an. Ein zehn Jahre und länger dauernder Kampf gegen den Monopolisten, währenddessen die Sladeks und ihre

Mitstreiter eine kaum glaubliche Zähigkeit und Fantasie entwickelten. Bürgerentscheide, Aktionen, Anträge an die Gemeinde, immer neue Ideen, und schließlich der verrückte Plan: Wir kaufen unser Stromnetz und betreiben es in eigener Regie. Das gab es noch nie. Bundesweites Aufsehen, eine Werbeagentur erfand kostenlos die Kampagne „Ich bin ein Störfall", die das Geld zusammenbrachte. Auch die Übernahme des Stromnetzes musste die Initiative per Bürgerentscheid durchsetzen, mit wochenlangem Einsatz um jede Stimme. „Es gibt keinen anderen Energieversorger, der so demokratisch legitimiert ist wie wir", sagt Ursula Sladek fröhlich. Am 1. Juli 1997 war es soweit: Die Schönauer durften ihr Stromnetz übernehmen.

Wie geht sowas überhaupt, wenn man nebenbei noch fünf Kinder hat? „Wir sind alle schaffig", sagt Ursula Sladek; „im Haushalt hatte ich eine Hilfe", erklärt sie, „aber ich habe meine Kinder auch sehr selbständig erzogen. Und die Größeren, die waren ja schon aus dem Gröbsten raus. Aber die beiden Jüngsten", gibt sie zu, „die haben schon gelitten". Wenn große Entscheidungen anstanden, war sie Vollzeit im Einsatz: „Manchmal kam es vor, wenn ich nachts von einer Veranstaltung nach Hause kam und nach den Kindern sah, da schreckte der Jüngste aus dem Schlaf hoch und fragte: Mama, habt ihr gewonnen?" Inzwischen stehen alle auf eigenen Beinen, und für Ursula Sladek ist es eine Freude, dass ihre Kinder so unterschiedliche Berufe haben. „Die Älteste ist Agraringenieurin und hat einen Biohof", zählt sie auf, „dann kommt eine Psychologin, ein Archäologe, ein Soziologe und Philosoph, und der Jüngste ist Bild- und Tontechniker".

Wie das alles so gekommen ist, darüber staunt sie heute noch manchmal. „Das war ja alles so gar nicht geplant", sagt sie, „da folgte ein Schritt aus dem nächsten. Aber im Lauf des Prozesses sind viele unglaubliche Dinge passiert. An die denke ich immer, wenn ich mir etwas nicht vorstellen kann."

Das Schönau-Prinzip

Mit Charme und Hartnäckigkeit zur Netzübernahme

Zehn Jahre sind vergangen seit Tschernobyl, es ist Sonntag abend. Michael Sladek steht blass im Rathauszimmer von Schönau. „Ich muss mal'n Schluck Wasser trinken“, sagt er und geht hinaus. Draußen stehen viele Menschen, die Stimmung ist angespannt. Alle warten auf die Wahlergebnisse. Sladek kennt die ersten Zahlen: „Es sieht schlecht aus“ sagt er im Vorbeigehen. Denn sechs Stimmen fehlen der Bürgerinitiative zu diesem Zeitpunkt am frühen Abend des 10. März 1996. 273 Bürger haben soeben im Bürgerentscheid den Kauf des heimischen Stromnetzes abgelehnt, nur 267 zugestimmt. Es scheint ein bitterer Abend zu werden.

Zwar liegt bisher nur das Ergebnis aus einem der beiden Wahlbezirke vor, aus der Unterstadt. Doch Michael Sladek hat die Niederlage schon vor Augen - zehn Jahre Arbeit scheinen verloren in diesem Moment. Die Verzweiflung ist dem sonst so unerschütterlichen Familienvater anzusehen: „Wo hätte ich die sechs Stimmen noch holen können?“, ruft er in die Runde. Eine Antwort von den Umstehenden erwartet er freilich nicht.

Ohnehin sind solche Gedanken müßig in diesen Minuten. Im Moment kann man nur abwarten. Und zwar so lange, bis auch aus der Oberstadt die Ergebnisse der Abstimmung vorliegen. Noch wird gezählt, der zweite Stimmbezirk ist der größere. „Ich brauch was zu trinken“, sagt Sladek noch einmal, „ich habe so einen Adrenalinausstoß“.

„Fünfmal war Schönau seit Juli im Fernsehen. Positiv, sympathisch, interessant. Insgesamt 95 Minuten. Ein entsprechender Werbeauftritt hätte die Gemeinde mehr als 4 Millionen Mark gekostet.“
Anzeige der Netzkaufbefürworter im Oktober 1991

Lange Minuten vergehen. Denn vor allem für das Ehepaar Sladek – aber auch für andere – steht an diesem frostigen Märzabend im Oberen Wiesental ein Lebenswerk zur Entscheidung. Michael Sladek, der Mediziner, hatte vor dem Bürgerentscheid darüber sinniert, dass unverarbeitete Niederlagen von Menschen „rein medizinisch Störfälle“ seien – „ähnlich wie Radioaktivität“. Sein persönlicher Störfall scheint plötzlich verdammt nahe. Ursula Sladek bangt an diesem Tag auch um ihren Michael.

Wenige Minuten trennen die Wartenden noch von Sieg oder Niederlage. Es ist kurz vor 19 Uhr, draußen sind gerade die Straßenlaternen angegangen. Dann naht die Entscheidung: „Wie sieht's bei euch aus“ ruft Sladek den Helfern zu, die gerade im Wahllokal die letzten Stimmen der Oberstadt auszählen. Bange Blicke. Die Sekunden wirken ewig. Plötzlich ein Daumen – er zeigt nach oben: Im Stimmbezirk II, in der Oberstadt, haben die Stromrebellen gesiegt. Nur knapp zwar, aber ausreichend. Mit 24 Stimmen Vorsprung.

Gefragter Interviewpartner: Michael Sladek

Saniert, aber ohne Turbinen: E-Werks-Gebäude heute

Als dann auch noch das Ergebnis der Briefwähler vorliegt, ist die Energiewende in Schönau mehrheitlich beschlossene Sache – der Vorsprung beträgt 71 Stimmen. 782 Schönauer haben an diesem Tag für den Netzkauf und damit für das eigene Elektrizitätswerk gestimmt, 711 waren dagegen – das macht 52,4 Prozent für die Stromrebellen.

Die Wahlbeteiligung hat beachtliche 84,3 Prozent erreicht, sie ist höher als bei der letzten Bundestagswahl; im Amtsblatt wird man später das Wort „Rekordmarke" lesen. Menschen liegen sich in den Armen in diesen Minuten im Schönauer Rathaus, manche von ihnen haben Freudentränen in den Augen. Sprechchöre skandieren „EWS, EWS". Und Michael Sladek sagt: „Ich bin wahnsinnig glücklich."

Die Kraftübertragungswerke Rheinfelden (KWR) unterdessen „bedauern das Ergebnis", wie sie noch am Abend offiziell mitteilen. Denn sie werden das Schönauer Stromnetz jetzt verkaufen müssen. Verbitterung spricht aus den Zeilen: Viele Bürger in der Stadt hätten „mit ihrer Stimmabgabe zugunsten der KWR zu erkennen gegeben, dass sie den Übergang der Stromversorgung auf EWS als ein unkalkulierbares Risiko für die Stadt Schönau, die Bevölkerung und insbesondere die Industrie ansehen". Und Helmut Pfefferle, der CDU-Fraktionssprecher im Gemeinderat, spricht aus, was mancher Gegner des Netzkaufs an diesem Abend denkt: „Damit habe ich nicht gerechnet."

Es wird eine lange Nacht. Zehn Jahre nach der Tschernobyl-Katastrophe, fünfeinhalb Jahre nach dem Start der Netzkaufaktion ist an diesem 10. März die wohl schwierigste Hürde überwunden auf dem langen Weg zu einer anderen Strompolitik in Schönau. Und die KWR haben, wie der Schriftsteller Carl Amery formuliert, „eine massive Propagandaschlacht verloren".

Scharmützel mit den KWR

Der gewonnene Bürgerentscheid ist im Rückblick der entscheidende Etappensieg in dieser bundesweit einmaligen Auseinandersetzung. Sie nahm ihren Anfang im Oberen Wiesental am 10. August 1990. An jenem Freitag nämlich ging bei der Stadt Schönau ein Schreiben des bisherigen Stromversorgers KWR ein – und dessen Angebot war ausgesprochen verlockend.

Die KWR erklären sich darin bereit, der Stadt die Konzessionsabgabe zu erhöhen. Das ist jenes Entgelt, das eine Gemeinde dafür bekommt, dass ein Versorger seine Leitungen über öffentliches Gelände führen darf. Im Schönauer Konzessionsvertrag von September 1973 ist dieser Betrag auf drei Prozent der Einnahmen von Haushaltskunden und ein Prozent der Entgelte für Industriekunden festgeschrieben. Die KWR bieten nun an, künftig sogar fünf Prozent zu bezahlen. Und zwar bereits für die kommenden vier Jahre, also bis Ende 1994. Dann ist ohnehin ein neuer Vertrag fällig. Somit steht ein Bonus von jeweils 23.300 Mark für die nächsten vier Jahre im Raum.

Die KWR berufen sich bei dem Angebot auf eine Ministerentscheidung: Der Wirtschaftsminister des Landes nämlich hatte im Mai verfügt, dass Gemeinden mit weniger als 3000 Einwohnern künftig fünf Prozent statt nur drei Prozent Konzessionsabgabe erheben dürfen, sofern sie einen neuen Vertrag abschließen.

Im neuen Konzessionsvertrag ab 1995 wird die Stadt Schönau die erhöhte Abgabe ohnehin einfordern können – nicht aber für die Laufzeit des alten Vertrages. Doch die KWR geben sich scheinbar kulant, bieten eine frühzeitige Erhöhung auch während des laufenden Vertragszeitraums an. Freilich geschieht das nicht ohne Gegenleistung: Das Geld soll die Stadt Schönau nur bekommen, wenn sie einen neuen Konzessionsvertrag für weitere 20 Jahre vorzeitig abschließt.

Die Offerte ist wohl kalkuliert. Elegant wollen die KWR jegliche Diskussion um alternative Konzessionäre in Schönau frühzeitig ausbremsen. Denn es ist dem Versorger natürlich nicht verborgen geblieben, dass sich in Schönau etwas zusammenbraut, was in seinen Konsequenzen nicht absehbar ist. Denn während andernorts die nach Tschernobyl begonnen Aktivitäten versanden, sind sie in Schönau im Gegenteil immer stärker geworden. Die Schönauer Stromsparwettbewerbe, die seit 1988 laufen, haben den Versorger aus Rheinfelden alarmiert.

Ein gefährliches Terrain also für ein Unternehmen, das aus seinen Verflechtungen mit der Atomwirtschaft kein Geheimnis macht. Daher können und wollen die KWR nicht mehr warten, bis die Vertragsverlängerung ohnehin ansteht. Sie wollen Fakten schaffen durch ihr Lockangebot. Ob die Offerte wettbewerbsrechtlich überhaupt zulässig ist, wird allerdings nie abschließend geklärt.

„Warum müssen die Gewinne aus der Stromversorgung über KWR und Elektrowatt letztlich auf den Zürcher Konten des Schweizer Bankvereins landen? Das hier erwirtschaftete Geld aus unserer Stromversorgung muss in unserem Raum nutzbringend und investiv weiterarbeiten."
Michael Sladek, 1991

Bloß keine Sonderregelungen

Man kann sich nun vorstellen, dass die Stadt von dem zugesagten Bonus sehr angetan ist. Den KWR-Vertrag im Eiltempo unterschreiben, das will sie gleichwohl nicht. Also versucht Bürgermeister Richard Böhler noch, sich mit Unterstützung des Wirtschaftsministeriums in Stuttgart den Aufschlag auch ohne sofortige Unterzeichnung eines neuen 20-Jahres-Vertrages zu sichern. Doch das hätte der Zustimmung der KWR bedurft, und die lehnen – wenig überraschend – ab. Ihren Köder für weitere 20 Jahre KWR in Schönau geben sie nicht freiwillig aus der Hand.

Schönau als Drehort: Der Schwarzwaldcoup

Die Energieinitiativen suchen nun das Gespräch mit dem Monopolisten, arrangieren erneut ein Treffen in Rheinfelden. Ihr Ziel ist es, die KWR für eine ökologisch orientierte Strompolitik in Schönau zu gewinnen. Ein optimistisches Unterfangen: Bei ihren Stromsparwettbewerben waren die Bürger schon einmal vom Monopolisten abgekanzelt worden. Doch sie wagen es erneut.

Ihre Idee: Die KWR könnten die Gemeinde Schönau doch zu einer Art Zukunftswerkstatt machen. Durch eine Versorgung ohne Atomstrom, durch bessere Vergütungen für lokale Kleinkraftwerke, durch Stromsparkampagnen und eine neue Tarifstruktur, die Sparen attraktiver macht.

Klaus Theilsiefje ist Vorstandsmitglied bei den KWR. Er ist Ingenieur von Hause aus, aber auch bei unternehmerischen Entscheidungen kommt an ihm keiner vorbei. Wenige Jahre hat er noch bis zu seiner Pensionierung, und seit Jahrzehnten weiß er, wie mächtig die Stromversorger im Lande sind. Von ein paar Bürgern will er sich da nichts erzählen lassen. Einen linearen Stromtarif, der Großverbraucher nicht länger bevorzugt, lehnt er ab, ebenso höhere Einspeisevergütungen für effiziente Blockheizkraftwerke und Solarstrom. Und ein möglicher Sonderstatus für Schönau ist für ihn ohnehin indiskutabel, ebenso der Vorschlag Michael Sladeks, die Stadt Schönau und die KWR könnten doch ein gemeinsames Unternehmen gründen.

„Wir möchten nicht länger nur von der Energiewirtschaft abhängig sein. Die hat bisher nur bewiesen, dass sie ein Energieverschwendungssystem hat aufbauen können. Was wir brauchen in der Zukunft ist eine ökologische Energieversorgung, die Strom und Wärme sparsam herstellt.“
Dieter Schäfer, Gedea, 1991

Kurz: Theilsiefje will von all den Vorschlägen nichts wissen, erst recht nicht von einer Nachbesserung des Konzessionsvertrags unter ökologischen Prämissen. 40 Prozent Atomstrom im Schönauer Netz – na und? Auch Hubert Peitz ist dabei, der Kaufmann im KWR-Vorstand. Man ist sich einig in der Führungsetage an diesem Tage, dass man den Schönauern nicht die Hand reichen will. Und Peitz sagt nach diesem Treffen über seine Gäste: „Das sind ja wohl überwiegend Idealisten.“ Es ist abwertend gemeint.

Frustriert ziehen die Stromrebellen von dannen. „Mit den KWR ist nichts zu machen“, sagt Rolf Wetzel, der Polizist aus Schönau. Und sein Mitstreiter Ingo Braun, der Schönauer Notar, sagt: „Wir wurden behandelt wie bedauernswerte Irre.“ Braun hat keinen Zweifel daran, dass die KWR-Führung „durch ihre Eigner gesteuert“ ist. Das ist zu diesem Zeitpunkt die Elektrowatt aus Zürich, die in der Schweiz Atomkraftwerke betreibt. Diese Vermutung wiederum weist KWR-Mann Hubert Peitz zurück: „Die Elektrowatt hat damit gar nichts zu tun, das ist eine reine KWR-Entscheidung.“ Dass man in Rheinfelden aber durchaus die Verpflichtung gegenüber der Branche spürt, einen Erfolg der Stromrebellen zu verhindern, gesteht später Peitz selber ein. Denn die Atomlobby fürchtet einen Flächenbrand für den Fall, dass Schönau Erfolg hat.

„In dieser wichtigen Frage sind wir Realisten und müssen daher am bisherigen Partner festhalten. Wir sind überzeugt, und das ist unsere tiefste Empfindung, dass auch die Mehrheit der Schönauer Bürger so denkt, und von der CDU-Fraktion einen klaren Vorrang für den KWR-Vorschlag erwartet.“
Helmut Pfefferle, CDU-Fraktionsvorsitzender vor der ersten Abstimmung im Gemeinderat

Das erste Ziel der Netzkauf: Zeit kaufen

Was also tun? Die verschmähten Vordenker machen Nägel mit Köpfen: In der lokalen Zeitung erscheint wenig später ein Aufruf: Interessenten mögen am 30. November 1990 ins Hotel Vier Löwen kommen – zur Gründung einer Netzkauf Schönau GbR. Denn die Atomkraftgegner halten nach dem KWR-Termin die Ökologisierung der Stromversorgung nur noch durch eine Übernahme des Netzes für realisierbar. Also nicht mit den KWR, nur gegen sie. Die Fronten sind jetzt geklärt.

An jenem Abend wird die Gesellschaft gegründet. Ihr erstes Ziel klingt verrückt: Die Netzkauf will der Stadt das Geld ersetzen, das der erhöhten Konzessionsabgabe entspricht. Damit, so der Plan, stehe die Stadt nicht mehr unter Zeitdruck. Sie könne alle Optionen in Ruhe prüfen, ohne dafür Verluste für die Stadtkasse in Kauf nehmen zu müssen. Für die Stromrebellen ist damit Zeit gewonnen. Sie können eine eigene Gesellschaft gründen, die sich beizeiten in Konkurrenz zum bisherigen Energieversorger um die Netzübernahme bewirbt. So will die Netzkauf schlicht Zeit kaufen. Wertvolle Zeit.

„Die Gesellschaft hat den Zweck, eine Beteiligung am Erwerb des Stromnetzes der Stadt Schönau vorzubereiten, durchzuführen und dann dieses Stromnetz gewinnbringend zu betreiben.“
Aus dem Gesellschaftsvertrag der Netzkauf Schönau GbR

Mit Ökovorschlägen bei den KWR abgeblitzt: Horst Radny

Stellt die Wibera bloß: Wolfgang Zander

Und so sieht ihre Rechnung aus: 300 Bürger sollen gewonnen werden, die sich für vier Jahre verpflichten, jeweils 100 Mark jährlich einzuzahlen. Wenn später das Netz tatsächlich durch die neue Netzgesellschaft übernommen werden sollte, wird diese Einlage mit Zins und Risikozuschlag in Beteiligungskapital umgewandelt. Andernfalls ist das Geld verloren. Gesucht sind also Bürger, die bereit sind, 400 Mark Risikokapital für ein in der deutschen Stromgeschichte einmaliges Projekt einzusetzen.

Das reizt die Leute offenkundig, die Netzkauf findet die Geldgeber tatsächlich: Binnen sechs Wochen sagen 282 Gesellschafter zu, zusammen sind ihre Garantien 32.000 Mark jährlich wert. Genug, um das Angebot der KWR auszuhebeln.

Die Rechnung geht im ersten Schritt insofern auch politisch auf, als dass der Gemeinderat am 28. Januar 1991 entscheidet, noch keinen Vertrag mit den KWR abzuschließen. Man will noch drei Monate warten. Die Netzkauf soll die Chance bekommen, zu konkretisieren, was sie im Detail vor hat. Der Gemeinderat verlangt eine Machbarkeitsstudie mitsamt eines wirtschaftlichen, technischen und finanziellen Konzeptes für die Übernahme und die Führung des örtlichen Stromnetzes. Ebenso soll die Netzkauf den ökologischen Mehrwert des neuen Netzbetreibers herausarbeiten.

Damit wird es ernst für die Netzkäufer, sie brauchen dringend Hilfe. Denn Experten der Energiewirtschaft sind sie beileibe nicht. Ein Arzt, ein Polizist, ein Notar, mehrere Lehrerinnen und Lehrer – alleine sind sie verloren.

Also heißt die Frage: Wer hat entsprechende Kontakte? Michael Sladek kennt Gert Apfelstedt. Der arbeitet im hessischen Umweltministerium und ist ein exzellenter Kenner der Energiewirtschaft. Mit ihm hatte Sladek zu tun, als es noch um die Novelle des Energiewirtschaftsgesetzes ging. Apfelstedt empfiehlt den Aachener Ingenieur Wolfgang Zander, einen promovierten Elektrotechniker, der drei Jahre zuvor ein Ingenieurbüro gegründet hat. Der, so sagt der Hesse, könne bestimmt helfen.

Doch der Zeitplan ist knapp. Drei Monate sind nicht viel, um eine kleine Revolution zu planen. Zumal dann, wenn man seine Mitstreiter erst noch kennen lernen muss. Am 24. April 1991 ist Termin im IC-Restaurant in Köln. Michael Sladek ist dabei, Dieter Schäfer und Wolf-Dieter Drescher. Langhaarig, fast noch studentisch, im Outfit das Gegenstück zur klassischen Energiewirtschaft, trifft Wolfgang Zander ein. Sein erster Gedanke: „Die sehen ja aus wie ich.“ Und beide Seiten spüren: Man passt irgendwie zueinander. So bekommt Zander ganz flott den Auftrag, all jene Fragen, die den Gemeinderat beschäftigen, in einer Machbarkeitsstudie darzulegen.

Schönau-Wappen am Rathaus

Der junge Ingenieur erweist sich als Glücksgriff für die Stromrebellen. Denn Zander betreibt eines der wenigen Unternehmen, die zu jener Zeit das Herrschaftswissen der Stromversorger haben, aber

Netzkauf - wozu eigentlich?

Was das Eigentum an den Stromleitungen mit ökologischer Energiepolitik zu tun hat

Bis zur Liberalisierung des Strommarktes am 29. April 1998 hatte das Eigentum am Netz eine besondere Bedeutung: Wer die örtlichen Leitungen besaß, entschied über den Strommix. Denn Stromverkäufer war immer der Netzbetreiber. Er war Monopolist, und so mußte jeder Kunde den Strom nehmen, den sein Versorger anbot. Folglich war die Netzübernahme ein wirkungsvoller Hebel der lokalen Energiewende.

Seit der Novelle des Energiewirtschaftsgesetzes sind Netzbetrieb und Stromlieferung getrennt: Der Netzbetreiber ist weiterhin Monopolist, was in der Natur der Sache liegt. Seinen Stromlieferanten hingegen kann seither jeder Kunde frei auswählen.

Obwohl damit der Netzbetreiber heute nicht mehr über den Strommix entscheidet, ist die Netzübernahme aus ökologischer Sicht noch immer attraktiv. Denn erstens hat der Verteilungsnetzbetreiber aufgrund seines Kontaktes zu den Verbrauchern einen deutlichen Vorteil bei der Akquise von Stromkunden. Zweitens kann der Netzbetreiber über Einspeisekonditionen – etwa für Blockheizkraftwerke – weiterhin die lokale Strompolitik gestalten. Und drittens entscheiden die Netzmonopolisten auch darüber, ob die Nutzung von Elektrowärme im Ort attraktiv ist. Viele Unternehmen nämlich fördern Stromheizungen und Wärmepumpen bislang durch Quersubventionierung der Tarife. Und das funktioniert nur im eigenen Netz.

Beispiel EnBW: Anfang 2008 bot das Unternehmen seinen Wärmekunden Nachtstrom noch für 9,06 Cent je Kilowattstunde an, das sind abzüglich Steuern (19 Prozent Mehrwertsteuer, 2,05 Cent Stromsteuer) gerade 5,56 Cent. Zieht man die Konzessionsabgabe an die Gemeinde in Höhe von 0,61 Cent im Schwachlasttarif ab, sowie die staatlich festgelegten Umlagen für erneuerbare Energien und Kraft-Wärme-Kopplung, bleiben der EnBW 4,95 Cent je Kilowattstunde. Davon muss das Unternehmen den Strom kaufen (für etwa 4 Cent in Nachtstunden), Netzgebühren decken (zwischen 2 und 3 Cent), sowie die Verwaltungskosten bezahlen. So legt das Unternehmen am Ende drauf. Ein derart niedriger Preis ist also immer ein politischer – ein Markteinführungspreis für Elektrowärme, der langfristige Abhängigkeiten schaffen soll. Zum 1. Juli 2008 übrigens erhöhte die EnBW ihre Wärmetarife dann bereits um fast 22 Prozent.

Ökologisch orientierte Netzbetreiber verzichten auf Markteinführungspreise und machen damit Stromheizungen unattraktiv. Schönau ist das beste Beispiel: Seit Übernahme des Netzes durch die EWS wurde im Ort keine einzige Stromheizung neu installiert.

Ein Hebel der Umweltpolitik: Die Stromnetze

Slogan der Netzkauf beim Bürgerentscheid 1991

zugleich unabhängig sind von den Konzernen. Zander kennt die Branche gut genug, um zu wissen, worauf er sich einlässt. Er muss davon ausgehen, dass ihn die Zusammenarbeit mit den Schönauer Rebellen bei den etablierten Stromversorgern Aufträge kosten wird. Zugleich weiß er, dass mit der Schönauer Netzkaufaktion für ihn nicht viel Geld zu verdienen sein wird. Und dennoch findet er das Projekt spannend, hält es für machbar und nimmt den Auftrag an – als „Überzeugungstäter".

Noch im Mai liegt die Machbarkeitsstudie vor. „Als die 500 Seiten fertig waren, war klar, dass es geht", sagt Wolf-Dieter Drescher. Das Werk beeindruckt sogar die Gemeindeprüfungsanstalt Baden-Württemberg, die im Juli 1991 der Stadt Schönau empfiehlt, nicht vorzeitig den Vertrag mit den KWR zu unterschreiben, sondern das Angebot der Netzkauf anzunehmen. Spätestens damit wird deutlich, dass hier keine unkoordinierten Aktivisten agieren. Sondern, dass sich vielmehr eine Truppe zusammen gefunden hat, die bundesweit Sachverstand zu akquirieren und einzubinden weiß.

Ein Beitrag in der Wochenzeitung *Die Zeit* im Juni („Ein Dorf unter Spannung") macht die Stromrebellen bundesweit bekannt. Damit steigt der Druck auf die KWR weiter. So weit, dass sie am 3. Juli 1991 etwas tun, was sie bis zu diesem Zeitpunkt immer strikt abgelehnt hatten: Sie reduzieren die Laufzeit ihres neuen Konzessionsvertrages von 20 auf 14 Jahre. Ihr Kalkül: Der Stadt fällt die Zustimmung damit leichter.

Bürgermeister Richard Böhler, der treu zum bisherigen Versorger steht, drängt nun darauf, man möge endlich das KWR-Angebot annehmen und setzt das Thema am 8. Juli 1991 im Gemeinderat auf die Tagesordnung. Er hat die Unterstützung vor allem von der CDU, die klar gegen die Bürgeraktion eingestellt ist: „In wirtschaftlicher Hinsicht sind

„Nein zu Spekulanten und Utopisten, die sich nur ihr Hobby von der Allgemeinheit finanzieren lassen wollen."
Anzeige der Netzkaufgegner vor dem ersten Bürgerentscheid

Tochter wurde kurz vor Tschernobyl geboren: Barbara und Ingo Braun

große Risiken bei einer Betreibung durch die Netzkauf gegeben, da fast alle Kosten entschieden zu niedrig angesetzt und somit Verluste vorprogrammiert sind" heißt es aus der Fraktion.

Das Ergebnis der Abstimmung ist absehbar. Mit allen 5 Stimmen der CDU, mit einer Stimme der SPD und der Stimme des Bürgermeisters, gegen die 4 Stimmen der Freien Wähler und 2 Stimmen der SPD segnet der Gemeinderat an diesem Abend den Vorschlag der Verwaltung ab: Macht 7 gegen 6 Stimmen, die KWR erhalten den Zuschlag.

Rathaus von Schönau

Ein kluger Einfall am Vorabend

Das Ergebnis überrascht niemanden. Man kennt sich in Schönau, im Gemeinderat zumal, und man weiß bei solchen wichtigen Themen, wer auf welcher Seite steht. Die Stromrebellen haben sich daher vorbereitet. Kaum ist die Abstimmung im Gemeinderat protokolliert, erhebt sich Egon Barbisch, Stadtrat der Freien Wähler. Er holt ein Schreiben hervor, das ihm zuvor überreicht worden war, und liest vor: „Wir als Bürger von Schönau sind mit dieser Entscheidung nicht einverstanden. Wir werden daher ein Bürgerbegehren einleiten mit dem Ziel, dass ein Bürgerentscheid den Gemeinderatsbeschluss aufheben wird." Schönau soll also seinen ersten Bürgerentscheid bekommen. Mit den Unterschriften von 10 Prozent der wahlberechtigten Schönauer lässt er sich herbeiführen, so steht es in der Gemeindeordnung.

Es sieht so aus an diesem Montag abend, als sei der Schritt Richtung Bürgerentscheid von langer Hand geplant. Doch die Wahrheit ist eine andere. Noch am Vorabend der Gemeinderatssitzung hatten die Netzkäufer am runden Tisch im Wohnzimmer der Sladeks zusammengesessen – wohlwissend, dass sie im Gemeinderat verlieren würden.

Da war eine Information von Ingo Braun, dem Notar in der Runde, Gold wert. Er hatte sich kurz zuvor mit dem Instrument des Bürgerbegehrens vertraut gemacht, das im baden-württembergischen Kommunalrecht verankert ist. Juristische Kommentare hatte er wälzen müssen, denn bislang waren Bürgerentscheide weitgehend Theorie: „In Baden-Württemberg hatte es bis zu diesem Zeitpunkt kaum welche gegeben", erinnert sich Braun.

„Was in Schönau passiert ist, ist für die Politik in Deutschland eine ganz nützliche und wichtige Diskussion, keine Spinnereien, sondern die Diskussion, die wir im nationalen Bereich und auch international führen, wird dort im Kleinen vollzogen."
Staatssekretär Bernd Schmidbauer vor dem ersten Bürgerentscheid

Schönau wird also auch in dieser Hinsicht Vorreiter, die Netzkauf will die Basisdemokratie auf die Probe stellen. Vom nächsten Tag an werden daher Unterschriften gesammelt. Flott geht es voran, und schon am 2. August kann die Netzkauf dem Bürgermeister-Stellvertreter Albert Hitz – SPD-Mitglied und strikter Gegner der Netzkauf – 559 Signaturen überreichen. Sie werden anschließend im Rathaus einzeln überprüft; am Ende bleiben 538 gültige Signaturen übrig. Das sind noch immer doppelt so viele wie nötig – und so kann der Wahlkampf beginnen. Bauamtsleiter Bernhard Seger, der im September 1993 zum Bürgermeister gewählt werden wird, offenbart später: „Da standen Namen auf der Liste, die ich dort nicht vermutet hätte."

Tausend Herzen sagen Ja

Umweltfreundliches Flugblatt der Netzkauf

Der Gemeinderat bestimmt den 27. Oktober zum Wahltermin. Und es beginnt ein bunter Wahlkampf. Die Bürgeraktion „Ja zu Schönau“ macht ein Kinderfest und einen Altennachmittag, bietet Mountain-Bike-Fahrten mit Olympiasieger Georg Thoma an und verteilt als „umweltfreundliches Flugblatt“ ein Lebkuchenherz mit der Aufschrift „Ja“. Tausend Herzen werden gebacken und verteilt.

Die Frage auf dem Wahlschein wird lauten: „Soll der Gemeinderatsbeschluss vom 8. Juli 1991 über den Konzessionsvertrag mit den Kraftübertragungswerken Rheinfelden AG aufgehoben und das Angebot der Netzkauf Schönau GbR über die Bezahlung des Einnahmeausfalls (Konzessionsabgabenerhöhung für die restliche Laufzeit des Konzessionsvertrages) angenommen werden?“

Es ist wie Wahlkampf – nur intensiver. Die KWR kontern mit Infoständen. Bürgermeister Böhler, der CDU-Ortsverband und Teile der örtlichen Industrie verteilen Flugblätter an alle Haushalte. Und der Vorsitzende der CDU-Gemeinderatsfraktion, Helmut Pfefferle, sagt siegessicher: „Der Netzkauf Slogan ‚Ausstieg aus der Kernenergie‘ kommt bei den Schönauern nicht an.“

Weit schaukelt sich die Debatte im Dorf hoch. So weit, dass der Südwestfunk am 18. September nach Schönau kommt. Unter dem Titel „Lokaltermin“ sendet er ab 19 Uhr live aus der Aula der Buchenbrandschule, volle 70 Minuten lang. Titel der Sendung: „Strom – hausgemacht“. Moderator Kurt Stenzel sagt: „Schönau ist ein Beispiel für lebendige Demokratie.“ Manchem Schönauer ist sie bereits zu lebendig.

„EWS wird die Stromversorgung in Schönau wirtschaftlich nicht betreiben können.“ *KWR in einem Flugblatt vor dem zweiten Bürgerentscheid*

Und so sitzen die Kontrahenten auf dem Podium an diesem Mittwoch abend: Michael Sladek und Ingenieur Wolfgang Zander für die Netzkauf, Bürgermeister Richard Böhler sowie KWR-Vorstandsmitglied Klaus Theilsiefje auf der Gegenseite. Da geht es dann um die Frage, ob der CDU-Staatssekretär Bernd Schmidbauer aus dem Bonner Umweltministerium tatsächlich Sympathie für die Netzkauf-Idee gezeigt habe – was eine Fernsehaufzeichnung belegt. Da geht es um die Frage, ob Blockheizkraftwerke eine gute Idee seien, was Bürgermeister Böhler gar nicht findet, denn sie bedeuteten „Ade Luftkurort Schönau.“ Es geht darum, ob das eigene E-Werk überhaupt rentabel sein könnte, was Zander für realistisch hält, aber die Gegenseite nicht. Und es geht um die künftige Kooperation von E-Werk und KWR, die wichtig ist, weil ein Schönauer Stadtnetz ja künftig von KWR umringt wäre. Sladek hofft auf gute Kooperation, Theilsiefje nickt, als wolle er sagen: „So weit wird es eh nie kommen.“

Für manchen Schönauer wird die gesamte Netzkaufdebatte nebenbei zu einem Lehrstück über Politik. Staatssekretär Bernd Schmidbauer, der zuerst noch eindeutige Sympathie für die Initiative gezeigt hatte, unterstützt wenig später auf einer Veranstaltung im Gasthaus Krone plötzlich den CDU-Ortsverband im Kampf gegen den Netzkauf. Auf den Widerspruch angesprochen, sagt er in kleinem Kreise: „Ich finde gut, was Ihr macht, aber als Bürgermeister wäre ich auch dagegen."

Denn die Bürgermeister, muss man wissen, sitzen oft an attraktiven Stellen in den Gremien der Stromversorger. So hinterlässt die große Politik kein gutes Bild: „Ich habe gelernt, dass viele Politiker unter vier Augen etwas anderes sagen als in der Öffentlichkeit", bilanziert der Schönauer Horst Radny. Er ist mit dieser Erkenntnis nicht alleine in diesen Tagen.

Michael Sladek unterdessen zieht weiter die Strippen. Ihm ist bewusst, dass die Netzkauf politisch nicht in die Ecke der Grünen rutschen darf – das würde im ländlichen Schönau schief gehen. Als die Landtagsfraktion der Grünen einen Unterstützungsbesuch anbietet, wird sie deshalb explizit nicht von der Netzkauf empfangen. Auch eine gemeinsame Veranstaltung lehnt die Netzkauf ab. Denn wer hier auf dem Lande ökologisch etwas bewegen will, der muss überparteilich sein.

Und er muss zu den Menschen im Ort gehören, je länger, je besser. Am besten in mindestens dritter Generation. Michael Sladek hat sich daher stets bemüht, Einheimische einzubinden. Er und seine Familie wohnen seit 1977 in Schönau. Das ist zwar schon mal etwas, aber es ist auf der dörflichen Zeitskala auch nicht wirklich lange. Rolf Wetzel ist einer von den wirklich Einheimischen. Und Wolf-Dieter Drescher auch. Sie müssen nach außen für das Projekt stehen. Denn es darf nicht der Eindruck aufkommen, bei der Netzkauf agierten vor allem Zugezogene gegen die einheimische Bevölkerung. Einige Lehrer, die im benachbarten Schönenberg wohnen, rücken daher in den Hintergrund. Sie wären den Alt-Schönauern kaum vermittelbar gewesen.

„Es müssen für unsere arbeitslosen Bürgerinnen und Bürger neue Arbeitsplätze geschaffen und die bestehenden gesichert werden. Mit dem fragwürdigen Energiekonzept der EWS erreicht man genau das Gegenteil, denn kein Unternehmen siedelt sich an einem solchen Ort an, und auch wir müßten dann überlegen, ob es überhaupt Sinn macht, in Schönau wieder zu investieren."
F. A. Rueb Holding GmbH in einer ganzseitigen Anzeige vor dem zweiten Bürgerentscheid

Besuch von Staatsekretären im Jahr 1993:
Rainer Brechtken (links) und Peter Reinelt (3.von rechts)

Ziel aller Träume:
Die Anlagen der KWR

„Das ist der Hammer, das ist unmöglich, das gibt es nicht"

Der Wahltag kommt. Es ist der 27. Oktober 1991 – und es siegt die Netzkauf. Bei einer Wahlbeteiligung von 74,3 Prozent stimmen 729 Schönauer für die Aufhebung des Gemeinderatsbeschlusses und für die Annahme des Netzkaufangebots, das sind 55,7 Prozent. 579 Schönauer (44,3 Prozent) stimmen dagegen. Helmut Pfefferle, der Fraktionsvorsitzende der CDU im Gemeinderat sagt am Abend: „Das ist ein Hammer, das ist unmöglich, das gibt es nicht."

Wenige Tage nach dem Bürgerentscheid bietet die Netzkauf der Stadtverwaltung an, sie werde ein Energiegutachten für Schönau erstellen, wenn die Stadt alle Zuschüsse beantrage, die man dafür bekommen könne. Bürgermeister Böhler will lieber selbst ein Gutachten vergeben, und erteilt im Oktober 1992 einen entsprechenden Auftrag an die Freiburger Firma Energossa.

Das Gutachten liegt im Juli 1993 vor – es kommt der Netzkauf sehr entgegen. Mehr als 100 ökologisch und ökonomisch sinnvolle Standplätze für Blockheizkraftwerke weist es aus. Auch Einsparpotenziale in kommunalen Gebäuden werden aufgeführt. Es ist eine schöne Grundlage für die weitere Argumentation der Netzkauf.

„Auf Ihren Anruf habe ich schon gewartet"

„Sie können versichert sein, dass wir Änderungen mit ungesicherten Energieversorgungssystemen nicht so einfach hinnehmen werden. Wir sind nicht bereit, auf Kosten der Produktionssicherheit Versuchskaninchen zu spielen."
Frisetta GmbH in einem Brief an Bürgermeister Böhler, 25. Januar 1991

Am 12. November 1991 läuft in der ARD die Sendung „Report" von Franz Alt. Der Schönauer Bürgerentscheid ist Thema. 150 Kilometer von Schönau entfernt in Rottenburg am Neckar, sitzt an diesem Montag abend Walter Bolz vor dem Fernseher. „Die brauchen mich" sagt er nach dem Beitrag zu seiner Freundin. So recht glauben möchte sie es nicht.

Steuerexperte Bolz war einst bei der Wibera in Stuttgart tätig. 1989 hatte er sich dann als Steuerberater selbständig gemacht, und dabei seinen wohl bekanntesten Kunden mitnehmen können: Die Stadtwerke Rottweil. Die württembergische Stadt genoss in dieser Zeit bundesweit den Ruf als Musterstadt der Kraft-Wärme-Kopplung, weil deren Stadtwerkedirektor Siegfried Rettich den Ausbau der Blockheizkraftwerke massiv vorantrieb.

Als Michael Sladek drei Tage nach der Fernsehsendung bei Bolz anruft, sagt der: „Auf Ihren Anruf habe ich schon gewartet." Und wieder war der Kontakt über Bande gespielt worden. Titus Müller-Skrypski, der BHKW-Experte der Stadtwerke Rottweil, hatte Bolz empfohlen.

Es ist Spätwinter 1992 als Bolz zum ersten Mal in Schönau am runden Tisch der Sladeks sitzt. Fortan kommt er mitunter jedes zweite Wochenende ins Wiesental – über mehrere Jahre hinweg. Denn er wird gebraucht als exzellenter Kenner der Energiewirtschaft, vor allem auch wegen der so genannten §5-Genehmigung. Die vergibt der Wirtschaftsminister des Landes. Stromversorger darf nämlich nur werden, wer diverse Qualifikationen nachweist, unter anderem wirtschaftlicher Art.

Das erste Büro

Im Februar 1992 eröffnet die Netzkauf ihr Büro in der Ledergasse. Professor Hartmut Graßl, Klimaforscher aus Hamburg, ist mit dabei. Es ist ein starkes Signal: Was in Schönau passiert, ist keine Provinzgeschichte mehr; hier wird Politik gemacht, die bundesweit ausstrahlt. Und Graßl nimmt für sich in Anspruch, den Aspekt des Klimaschutzes im Schönauer Konzept deutlich gestärkt zu haben.

Drei Monate später folgt das 1. Schönauer Strom-Seminar. 125 Teilnehmer aus der ganzen Bundesrepublik – vor allem Kommunalpolitiker – informieren sich in sieben Workshops über „Neue Wege in eine ökologische kommunale Energiepolitik" und die Strategien zur Umsetzung. Da spricht dann der Freiburger Solararchitekt Rolf Disch über solares Bauen, Wolfgang Zander über Netzbewertungen, und Titus Müller-Skrypski über Blockheizkraftwerke.

Die KWR unterdessen geben sich noch lange nicht geschlagen – und bieten der Stadt im November 1992 sogar mehr als 55.000 Mark jährlich, wenn diese vorzeitig einen neuen Vertrag abschließe. Sie begründen diesen Schritt mit einer seit Jahresbeginn geltenden neuen Konzessionsabgabenverordnung der Bundesregierung. Ob das Vorgehen der KWR rechtmäßig ist, steht weiterhin in Zweifel.

Doch die Netzkauf bleibt ihrer bisherigen Strategie treu – und erhöht ihrerseits das Gegenangebot. Die Netzkauf sichert der Stadt nun zu, bis Ende 1994 insgesamt 280.000 Mark an Ausgleich für die entgangene Konzessionsabgabe zu bezahlen.

Walter Bolz konzentriert sich unterdessen auf die §5-Genehmigung. Sie hängt wie das Damoklesschwert über den Schönauer Aktivitäten.

„Dem von der Netzkauf Schönau GbR angestrebten und erklärtermaßen auf ökologische Aspekte, auf das gemeindliche Bestimmungsrecht, auf Dezentralisierung und Kommunalisierung der Elektrizitätsversorgung in der Stadt – bei gleichzeitiger Wirtschaftlichkeit – ausgelegte Modell, liegt eine Konzeption zugrunde, die durchaus realisierbar erscheint."
Gemeindeprüfungsanstalt Stuttgart im Juli 1991

Vordenker-Trio:
Michael Sladek, Carl Amery und Thomas Jorberg

„Eine helle Lichtflut macht der Dusterkeit ein Ende“

Nach mehrjähriger Standortsuche für ein Wasserkraftwerk beginnt in Schönau 1905 das Stromzeitalter

Mit Freude teilte Bürgermeister Emil Kappeler seinen Bürgern am 13. Februar 1905 den Beschluss des Gemeinderates mit: Die Stadt werde „die Wiesen des Herrn Bonifaz Lais für 12.000 Mark erwerben“, um dort „eine elektrische Centrale mit einem Gesamtaufwand von 110.000 Mark zu erstellen“. Es war der Startschuss für die Elektrifizierung Schönaus.

Schon Kappelers Vorgänger Albert Ruch, der von 1894 bis 1902 im Amt war, hatte sich des Themas angenommen, getrieben von den Ereignissen im Umland: In Rheinfelden, 30 Kilometer entfernt, hatte im Mai 1895 der Bau des größten Kraftwerks Europas begonnen, im nahe gelegenen Zell-Mambach war im September 1896 die Genehmigung für das größte Wasserkraftwerk des Wiesentals ergangen.

So wurden in den Jahren 1895/96 auch in Schönau Verhandlungen mit der „Helios Elektricitäts-Aktiengesellschaft Köln-Ehrenfeld“ um die Vergabe einer Konzession für ein Wasserkraftwerk geführt. 1897 wurde dann die Frage erörtert, ob nicht besser die Stadt selbst ein Werk am Aiternbach erstellen sollte.

Auf Empfehlung des Großherzoglichen Badischen Ministeriums schaltete die Gemeinde schließlich den „Civil-Ingenieur“ Carl Eberhardt aus Karlsruhe ein, der die diversen Projektplanungen begutachtete. Ein Kraftwerk am Aiternbach scheiterte an der Unbeständigkeit des Wasserflusses, ein anderes am Flüsschen Wiese oberhalb Schönenbuchen an zu hohen Kosten.

Die Entscheidung fiel schließlich für einen anderen Standort an der Wiese, unweit der Wiesenmühle. Die Mühle nämlich war seit 1885 nicht mehr in Betrieb, der Kanal jedoch noch vorhanden.

Am 18. November 1905 konnte Schönau dort sein Elektrizitätswerk in Betrieb nehmen. Der *Schönauer Anzeiger* lobte die neue Anlage als „angenehmen Kulturfortschritt“ und freute sich über die „helle Lichtflut, die plötzlich der allgewohnten Dusterkeit in den Straßen unserer Amtsstadt ein Ende machte“.

Über Jahrzehnte hinweg wurde das Kraftwerk schlicht „Hauptwerk“ genannt. Es verfügte über eine Zwillings-Francis-Schachtturbine mit 48 PS Leistung, gefertigt von der Firma Ruch im badischen Oberkirch. Firmengründer Eduard Ruch war übrigens gebürtiger Schönauer, was die Menschen im Wiesental mit besonderem Stolz erfüllte.

Elektrisches Licht für Schönau: Das städtische E-Werk

Die Maschinen erzeugten Gleichstrom, und das Werk nutzte Bleibatterien und einen Benzinmotor als Reserveaggregat. Anfangs waren die Kapazitäten kaum zu einem Drittel ausgelastet. Doch das änderte sich bald, weil der Stromverbrauch stetig zunahm. Und so wurden sogar weitere Kapazitäten nötig: Am 1. Februar 1930 wurde ein zweites Wasserkraftwerk auf dem Sägewerksgelände des Ferdinand Kappeler in Betrieb genommen. Auch hier war bereits ein Kanal vorhanden. „Zusatzwerk“ wurde die Anlage künftig genannt. Sie war ausgestattet mit einer Francis-Schachtturbine mit 28 PS, die ebenfalls von der Firma Ruch kam. 166.738 Kilowattstunden erzeugten die beiden Werke zusammen im Geschäftsjahr 1931/32.

Doch das E-Werk arbeitete häufig an den Grenzen der Wirtschaftlichkeit, mitunter nicht einmal das. Wirtschaftsprüfer Willi Nehrlich aus Lahr erklärte im November 1936: „Die einzige Möglichkeit für die Stromverbrauchssteigerung besteht in der Einführung von elektrischen Haushaltsgeräten."

Die Bemühungen zeigten Wirkung, der Verbrauch stieg stetig. Um die Versorgungssicherheit zu erhöhen, wurde das Schönauer Inselnetz im Jahr 1942 durch eine fünf Kilometer lange 10-kV -Leitung mit dem Netz der Stadt Zell verbunden, das seit 1912 an den Kraftübertragungswerken Rheinfelden (KWR) hing. Drehstrom gab es in Schönau zu dieser Zeit nur für drei Sonderkunden: Zwei Metzgereien brauchten ihn für ihre Wurstmaschinen, das Krankenhaus für ein Röntgengerät.

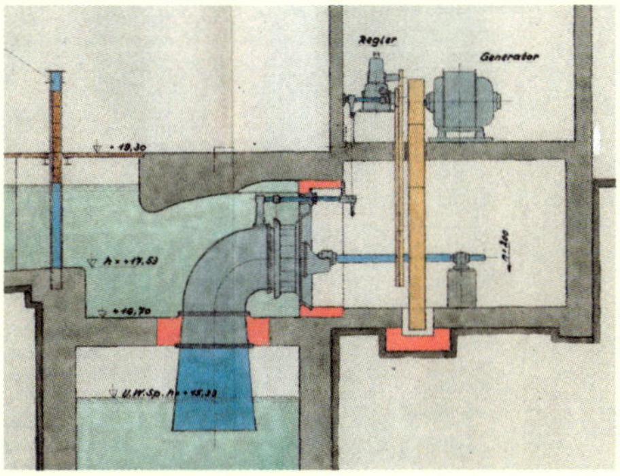

Schönauer Turbine: Plan von 1949

Nach dem zweiten Weltkrieg wurde in Schönau ein weiterer Ausbau der Kapazitäten nötig. Ins Hauptwerk kam im August 1955 eine Kaplan-Schachtturbine mit stehender Welle, die für 2280 Liter pro Sekunde und ein Nutzgefälle von 2,90 Meter ausgelegt war. Sie leistete nun 71,1 PS. Zeitgleich wurde das Werk und später das ganze Netz von Gleichstrom auf Drehstrom umgestellt. Im darauffolgenden Geschäftsjahr 1956/57 lag die Eigenerzeugung der beiden Werke immerhin bei 478.000 Kilowattstunden. Der Verbrauch in der Stadt war unterdessen auf fast 900.000 Kilowattstunden angestiegen.

Zwischenzeitlich hatte das E-Werk Schönau den Stromlieferungsvertrag mit den Kraftübertragungswerken Rheinfelden von anfänglich 40 auf 100 Kilowatt aufgestockt. Die Stadt Schönau verpflichtete sich zugleich, „den Strombedarf über die Erzeugung der eigenen Wasserkraftanlage hinaus ausschließlich durch Bezug von den Kraftwerken zu decken" sowie „während der Dauer dieses Vertrages auf die Aufstellung von Wärmekraftmaschinenzur Selbsterzeugung elektrischer Arbeit zu verzichten".

Doch es waren Jahre einer unsteten Stromversorgung. Im Juli 1961 schrieb daher die Schönauer Frisetta KG dem Bürgermeisteramt, man werde die Gemeinde „für eventuell entstehende Maschinenschäden haftbar machen", da durch die plötzlichen Stromausfälle „große Schäden an den Spritzgußmaschinen" entstehen könnten. Bei der Bezirkssparkasse war einige Jahre zuvor bereits zweimal die Buchungsmaschine durch Netzausfall zerstört worden. „Wir werden uns erlauben", schrieb seinerzeit die Bank an Bürgermeister Karl Zimmermann, „die Rechnung für die Instandsetzung dem E-Werk zu präsentieren".

In diesen Jahren schnellte die Stromnachfrage in Schönau, wie überall im Land, in rasantem Tempo empor – um durchschnittlich 12 Prozent jährlich zwischen 1950 und 1962. Der Anteil der Eigenerzeugung schwankte zwar abhängig von den Niederschlägen, doch in der Tendenz wurde er immer geringer. Im Geschäftsjahr 1962/63 lag er gerade noch bei 18,4 Prozent.

Denn die Stromrebellen müssen das Wirtschaftsministerium davon überzeugen, dass sie in der Lage sind, ein Stromunternehmen zu managen, technisch wie ökonomisch.

„Wir lassen uns nicht aufs Glatteis führen, denn wir wissen, worauf es ankommt, und wir wissen, was sich in der Vergangenheit bewährt hat."
Die Stadträte Rolf Behringer, Albert Hitz, Klaus Karle, Helmut Pfefferle, Uli Schlageter und Ulrich Schubnell in einer Anzeige vor dem ersten Bürgerentscheid

Es ist Frühjahr 1992, als Walter Bolz sich mit Karl-Heinz Schilling, dem Geschäftsführer der Stadtwerke Waldshut-Tiengen zum Abendessen trifft. Bolz arbeitet als Wirtschaftsprüfer auch für die Stadtwerke vom Hochrhein. Er will von Schilling wissen, ob die Stadtwerke Waldshut-Tiengen die Schönauer kaufmännisch und technisch unterstützen können.

Schilling ist sofort klar: Das kann gehen, nur muss es gut vorbereitet werden. Denn die Stadtwerke Waldshut-Tiengen als städtischer Eigenbetrieb unterstehen dem heimischen Oberbürgermeister und dem Gemeinderat. Und beide müssen gewonnen werden, sonst geht gar nichts. Oberbürgermeister Martin Albers ist Mitglied der CDU, was die Sache nicht unbedingt zu erleichtern verspricht.

Doch Albers zeigt sich aufgeschlossen. Und der Gemeinderat stimmt dem Außeneinsatz seiner beiden Geschäftsführer Karl-Heinz Schilling (kaufmännisch) und Norbert Krenz (technisch) einstimmig zu. „Für uns war das eine Herausforderung, etwas zu tun, was nicht normal ist", sagt Schilling später.

„Wir haben einfach befürchtet, dass so eine kleine Gruppe nicht in der Lage ist, das Netz zu betreiben. Im Nachhinein muss man feststellen: Der Netzkauf hat was gebracht für Schönau."
Uli Schlageter, Sommer 2008

Zwischenzeitlich dreht auch der Wind im Schönauer Rathaus. Am 26. September 1993 ist Bürgermeisterwahl und Richard Böhler, der Netzkauf-Gegner, tritt nicht mehr an. Sein Nachfolger wird der bisherige Bauamtsleiter Bernhard Seger. Den Netzkauf-Aktivitäten steht er nicht ablehnend gegenüber, doch in einer quasi zweigeteilten Stadt hat er für beide Seiten ein offenes Ohr. Energiepolitik in Schönau müsse „wieder emotionslos, sach- und nicht personenbezogen diskutiert"

Im ersten Netzkauf-Büro: Walter Bolz, Ursula Sladek, Horst Radny, Ewald Ruch

werden, schreibt er in seiner Wahlbroschüre. Und er hält die Basisdemokratie hoch: „Falls der Gemeinderat nicht mit deutlicher Mehrheit entscheidet, muss der Bürger in einem weiteren Bürgerentscheid das Wort haben.“ Dem unnachgiebigen Böhler folgt der diplomatische Seger.

I. Jeder Abstimmende hat nur eine Stimme.
II. Wenn Sie mehr als 1 Stimme abgeben, ist der Stimmzettel ungültig.
III. Auf diesem Stimmzettel eine Antwort durch ein in den daneben befindlichen Kreis gesetztes Kreuz kennzeichnen.

Stimmzettel

für den Bürgerentscheid

in Schönau im Schwarzwald am 10. März 1996

Soll der Gemeinderatsbeschluß vom 20.11.1995, einen Konzessionsvertrag mit den Elektrizitätswerken Schönau GmbH i.G. abzuschließen, aufgehoben und mit dem bisherigen Betreiber Kraftübertragungswerke Rheinfelden AG ein neuer Konzessionsvertrag abgeschlossen werden?

JA ○	**NEIN** ○

Die Verhandlungen mit Waldshut-Tiengen kommen unterdessen voran. Am 30. November 1993 schließt die Netzkauf mit den Stadtwerken (STW) einen „Betreuungsvertrag“. Darin beauftragt sie die STW auf Stundenlohnbasis mit der technischen und kaufmännischen Betreuung der Aktivitäten nach Übernahme der Stromversorgung in Schönau. So werden die STW zur tragenden Säule während der Aufbauphase.

Die Gründung der Elektrizitätswerke

Dann geht es am 16. Januar 1994 in die nächste Runde. Die Mitgliederversammlung der Netzkauf Schönau beschließt die Gründung der „Elektrizitätswerke Schönau GmbH (EWS)“. Die EWS haben vorläufig zwei Gesellschafter: die Netzkauf GbR und den Förderverein für umweltfreundliche Stromverteilung und Energieerzeugung e.V (FuSS). FuSS ist „Platzhalter“ für die Stadt, der das Angebot gemacht wird, auch später noch in diese GmbH einzutreten. Rolf Wetzel und Karl-Heinz Schilling werden zu Geschäftsführern ernannt. „Reingerutscht“ sei er in die Sache, sagt Wetzel später. Eigentlich hatte er anfangs nur, wie so viele, die Netzkauf finanziell unterstützen wollen.

Schilling ist fortan zweimal pro Woche in Schönau. Mehrfach reist er auch mit nach Stuttgart, um dort das Wirtschaftsministerium von der Schönauer Kompetenz zu überzeugen. Seine Sympathie für die Stromrebellen festigt sich dabei: „Das sind Idealisten hoch drei“, sagt er. In diesen Worten liegt Hochachtung.

Doch auch das Rebellische kommt an in Waldshut-Tiengen. Schließlich hatte man auch dort stets seinen eigenen Kopf bewiesen – erkennbar nicht zuletzt daran, dass die Stadtwerke bis heute zu 100 Prozent ein städtisches Unternehmen geblieben sind. „Schilling, der Rebell“, sagen unterdessen Kollegen in der Branche. Schönau hat abgefärbt.

Schilling braucht diese Rückendeckung, denn er hat einiges durchzufechten. „Gerhard Haury war ein harter Verhandler“, sagt Schilling später über den KWR-Vorstand. Und auch er glaubt, dass die KWR Druck von oben bekommen. Denn in den Stromkonzernen, die zu Monopolzeiten gewachsen sind, herrscht in dieser Zeit noch die Vorstellung, dass sie selbst entscheiden dürfen, welche Art von Strom die Menschen bekommen.

Leistet viel Überzeugungsarbeit: Ursula Sladek

Medienrummel beim Vertragsabschluss

Es gibt viel zu tun in diesen Wochen. Im März 1994 endlich gelingt es den EWS, zumindest einen Teil des nötigen Datenmaterials von den KWR zu bekommen. Im Oktober 1993 hatte die Netzkauf bereits auf dem Umweg über die Stadt, die ja immerhin noch Vertragspartner der KWR war, 16.000 Mark für die Daten bezahlt.

Die Stadt selbst will das Stromnetz nicht übernehmen, das beschließt der Gemeinderat im September einstimmig. Also erarbeiten die EWS einen Konzessionsvertrag. Erneut ist die Gemeindeprüfungsanstalt, die beide Entwürfe zur Begutachtung vorgelegt bekommt, auf Seiten der EWS: Das Angebot der Stromrebellen sei „für die Stadt vorteilhafter als das KWR-Angebot".

Die Entscheidung darüber, wer den neuen Konzessionsvertrag nun bekommt, steht dem Gemeinderat zu. Und dessen Zusammensetzung hat sich seit dem letzten Bürgerentscheid ein wenig aber entscheidend geändert: Bei den Kommunalwahlen im Juni 1994 nämlich konnten die Freien Wähler der CDU ein Mandat abnehmen. Nun stellen die entschiedensten Protagonisten des Netzkaufs die größte Fraktion im Stadtrat. Der zusätzliche Sitz ist entscheidend: Das Netzkauf-Projekt hat damit eine parlamentarische Mehrheit. Und so beschließt der Gemeinderat am 20. November 1995 erwartungsgemäß mit 6:5 Stimmen bei Enthaltung von Bürgermeister Seger, den neuen Konzessionsvertrag mit den Elektrizitätswerken Schönau abzuschließen. Ingo Braun stimmt nicht mit ab, er ist als Treuhänder für die Ansparkonten der Netzkauf befangen.

„Der Weg, den die Schönauer einschlugen, unterschied und unterscheidet sich grundsätzlich vom üblichen Atomprotest: Sie protestierten nicht von unten nach oben, sondern gingen daran, ihre Stromsouveränität zurückzuerobern."
Carl Amery, September 1996

Doch die CDU hat gelernt – und kündigt sofort ihrerseits ein Bürgerbegehren und einen Bürgerentscheid an. „Die Netzkauf hatte immer gesagt, die Bürger sollen am Ende entscheiden, und darauf wollen wir sie nun festnageln", sagt Mechthild Münzer, die später für die CDU in

Der Netzkauf ist perfekt: Rolf Wetzel (EWS), Bürgermeister Bernhard Seger und Hubert Peitz (KWR)

Das provozierte Ende der Wasserkraft

Wie die KWR im Jahr 1974 das Schönauer Netz übernehmen und die Eigenerzeugung beenden

Es war der 10. September 1973. Bürgermeister Ludwig Morath musste eine bittere Niederlage einstecken: Mit sechs Stimmen bei zwei Gegenstimmen und einer Enthaltung beschloss der Schönauer Gemeinderat den Verkauf des Städtischen E-Werks an die Kraftübertragungswerke Rheinfelden (KWR). Seit September 1968 hatte man darum gerungen.

So wurde an diesem Montag abend das Ende einer Ära besiegelt. Nach mehr als 68 Jahren Stromversorgung in städtischer Hand ging das Schönauer Netz zum 1. April 1974 an den Regionalversorger vom Hochrhein. Der Preis für 2,9 Kilometer Mittelspannungsleitung, 10,3 Kilometer Niederspannungsleitung, acht Trafostationen und 350 Hausanschlüsse belief sich auf 600.000 Mark netto, zuzüglich 120.000 Mark für die Investitionen der Jahre 1971 bis 1973.

Bis zuletzt hatte Bürgermeister Morath von den Freien Wählern zusammen mit SPD-Gemeinderat Albert Hitz gegen den Verkauf gekämpft. In einem Antrag vom August 1973 hatte Hitz noch vorgerechnet, dass durch das E-Werk

Durfte das Wasserkraftwerk nicht weiter betreiben: Hermann Josef Ganzmann

„erhebliche finanzielle Mittel in die Stadtkasse" flössen, da dessen finanzielle Lage „erfreulich positiv" sei. Doch die Argumente zogen nicht, man mag es Zeitgeist nennen: Landauf, landab wurden in diesen Jahren städtische E-Werke von Stromkonzernen und Regionalversorgern übernommen.

Die bisherige Konstellation empfand auch Werksleiter Hermann Josef Ganzmann stets als unglücklich. Doch seine Idee war eine andere: Er hätte das E-Werk gerne in einen städtischen Eigenbetrieb umgewandelt. Ganzmann erinnert sich: „Der Kauf jedes Schalters musste vom Gemeinderat genehmigt werden." Einmal lehnte der Rat den Kauf von 24 Stromzählern für ein neues Mehrfamilienhaus ab. Erst heftiger Protest seitens des E-Werks konnte das Gremium in einer erneuten Sitzung umstimmen.

Doch den Eigenbetrieb wollte der Bürgermeister nicht, und so wurde das Werk 1974 verkauft. Werksleiter Ganzmann und Elektromeister Josef Hees wurden von den KWR übernommen. Ganzmann, der noch heute im „Hauptwerk" an der Wiedlestrasse wohnt, wollte das Wasserkraftwerk daraufhin privat weiter betreiben, doch er durfte es nicht: „Die beiden Kraftanlagen sind stillzulegen", war seitens der KWR Bedingung für jegliche Kaufverhandlungen.

Nur symbolhaft war das Unternehmen im Januar 1972 davon abgewichen und hatte der Stadt angeboten, dass sie die Wasserkraftanlagen noch betreiben dürfe, sofern sie den Strom „ausschließlich für die Schwimmbadheizung" nutze. Weitere Zugeständnisse sollte es nicht geben: „Einem Verkauf der Anlagen an Dritte zwecks Eigenstromerzeugung, einem Verkauf des Stroms an Dritte oder einer anderen Verwendung als zur Schwimmbadheizung stimmen wir nicht zu." So waren das „Hauptwerk" und das „Zusatzwerk" mit dem Verkauf Historie.

den Gemeinderat einzieht. Zusammen mit ihrem Parteikollegen Walter Martin führt sie die „Bürgerinitiative pro Bürgerentscheid Schönau" an. Bewusst stehen Bürger im Vordergrund, die keine prominenten Vertreter der CDU sind – man braucht schließlich auch die Zustimmung von Sympathisanten anderer Parteien. Noch vor Weihnachten können die Unterschriften an den Bürgermeister übergeben werden.

„Scherzhaft gefragt: Fritzchen bewirbt sich um den Posten eines Installateurmeisters. Er beruft sich auf die Aussage seines Schullehrers, wonach er ein guter Installateurmeister wäre, unterstellt, dass er die Ausbildung absolvieren, und alle Prüfungen bestehen würde. Glauben Sie, dass der Geschäftsinhaber Fritzchen als Installateurmeister einstellen würde? Falls Sie das nicht glauben, sollten Sie mit *ja* für den Bürgerentscheid stimmen."
KWR-Anzeige während des Wahlkampfes vor dem zweiten Bürgerentscheid

Die Frage auf dem Wahlschein lautet diesmal: „Soll der Gemeinderatsbeschluss vom 20. November 1995, einen Konzessionsvertrag mit den Elektrizitätswerken Schönau GmbH i.G. abzuschließen, aufgehoben und mit dem bisheriger Betreiber Kraftübertragungswerken Rheinfelden AG ein neuer Konzessionsvertrag abgeschlossen werden?" Verwirrend dabei: Die Fragestellung erfolgt mit umgekehrtem Vorzeichen wie beim ersten Mal. Wer zur Netzkauf steht, muss diesmal folglich mit „Nein" stimmen. Das bedarf intensiver Kommunikation mit den Wählern.

Zahnbürsten gegen Marmelade

Es entbrennt ein Wahlkampf, der das Dorf immer stärker spaltet. Die Risse gehen quer durch die Familien. Manche Schönauer gehen nicht mehr in die Geschäfte ihrer politischen Gegner. Restaurants im Ort werden „nicht mehr nach Speisekarte sondern nach energiepolitischer Gesinnung der Inhaber ausgesucht" beobachtet der *Spiegel*. Es ist eine Situation, die sich keiner wünschen kann. Erst recht nicht in einem kleinen Ort, wo jeder Bürger jeden kennt.

Manch einer versucht – auch das mit Kalkül –, die Auseinandersetzung im Ort zu einem Streit von Zugezogenen gegen Einheimische hoch zu stilisieren. Reichlich abwegig: Geschäftsführer Rolf Wetzel ist gebürtiger Schönauer, Wolf-Dieter Drescher auch. Ebenso ist das Ehepaar Radny einheimisch: Er ist in Zell aufgewachsen, sie ist gebürtige Schönauerin, ihr Vater örtlicher Elektromeister und nebenbei aktiver CDU-Kämpfer. Doch im Wahlkampf zählen Stimmungen.

Aus diesem Grund bringt die Marmeladenfabrik Faller als Netzkauf-Sympathisantin Gläser in Umlauf, auf denen groß „Nein" steht. Die Firma Frisetta, Produzentin von Zahnbürsten und strikte Gegnerin des Netzkaufs, verteilt anschließend ihre Produkte mit dem Zusatz „Ja". Zahnbürsten gegen Marmelade – treffender kann Symbolik kaum sein.

Wenn die Auseinandersetzung nur nicht so bitter wäre. Es wird gekämpft mit harten Bandagen, auf beiden Seiten: „Schönau darf nicht als Spielplatz für zweifelhafte Energiekonzepte missbraucht

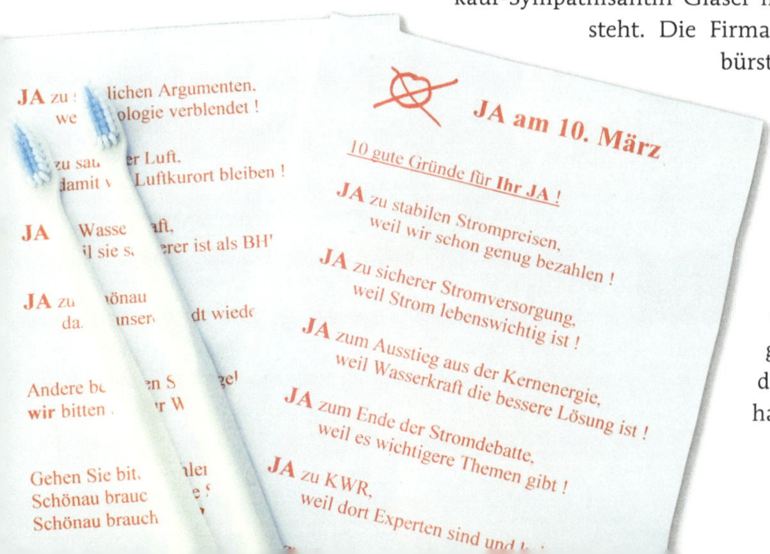

werden" heißt es am 27. Februar in einer Anzeige, die von den Firmen Frisetta Polymer GmbH & Co. KG, und Frisetta Kunststoff GmbH & Co. KG unterzeichnet ist.

Rolf Schruft von den KWR erklärt unterdessen, er bange „um Einkommen und Arbeitsplätze, die gefährdet würden, wenn die EWS das Netz übernehmen würde". KWR-Vorstandsmitglied Gerhard Haury ergänzt: „Ein so kleines Netz könnte nicht wirtschaftlich betrieben werden. Rote Zahlen oder höhere Preise wären die Folge." In einem Schreiben an den Bürgermeister rechnen die KWR sogar präzise vor: 30.000 Mark Verlust würden die EWS jährlich machen – „nach unseren überschlägigen Rechnungen".

„Wir gingen davon aus, wir gewinnen das Ding."
Heinz-Rudolf Hagenacker, Netzkaufgegner, nach dem zweiten Bürgerentscheid

In einer Anzeige vergleichen die KWR die EWS außerdem mit „Fritzchen", der plötzlich Installateurmeister werden will. Die „Initiative pro Bürgerentscheid" verbreitet Flugblätter, auf denen steht, dass nach Auskunft „aller seriösen Fachleute" mit den EWS der Strom teurer werde, dass „Arbeitsplätze konkret gefährdet" und „Investoren abgeschreckt" würden. Und auch die „Versorgungssicherheit ersten Ranges", die die KWR auszeichne, könnten die EWS „nicht bieten".

Zugleich demonstrieren die KWR Ende Februar auf dem Schulhof des Gymnasiums ihre üppige Technik. Da stehen dann Motorschlitten für Wintereinsätze und Notstromaggregate, man zeigt Kabelmesswagen und andere Fahrzeuge mehr. Eine geballte Ladung Technik – und alle Gerätschaften sind mit Preisschildern versehen. Man will sagen: So teuer ist die Unterhaltung eines Netzes. Wie, bitte schön, will das eine Bürgerinitiative leisten?

Unterstützt den Netzkauf

Gerhard Haury, Vorstandsmitglied der KWR, beschreibt in einem Beitrag für die *Badische Zeitung* sein Unternehmen als „ungewöhnlich bürgernah" und „ungewöhnlich erfahren". Alle aktiven Mitarbeiter, kann man lesen, hätten „zusammen 6460 Berufsjahre Erfahrung gewonnen." Bei den EWS hingegen seien „nur die Versprechen ungewöhnlich".

Die KWR investieren viel Geld in den Wahlkampf, rund 30.000 Mark. Eine ganze Serie von Flugblättern verteilt der Stromversorger im Laufe der Wochen im Städtchen. Einmal kriegen es die Fernsehmagazine ab, deren „angeblich wahrheitsgetreuen Sachberichte" sich aus KWR-Sicht als „Lügen, Halbwahrheiten und Spinnereien" erweisen. Ein anderes Mal ist zu lesen, dass die EWS „nicht alle notwendigen Fahrzeuge, Werkzeuge und Geräte bereithalten können, um jede Störung bei der Stromversorgung schnell und zuverlässig zu beheben."

Die von den KWR finanziell unterstütze Bürgerinitiative pro Bürgerentscheid wirbt mit „JA zu stabilen Strompreisen, weil der Bürger schon genug geschröpft wird", und propagiert den „direkten Strombezug vom Erzeuger, weil Zwischenhändler den Strom zwangsläufig verteuern."

Kraftvoll auch im Kampf für das eigene Netz: Rolf Wetzel

„Ich kann Sie nur aus ganzem Herzen zu diesem Entschluss beglückwünschen. Hoffentlich habe ich unter den so zahlreichen Schönaus das richtige erwischt."
Gratulantin aus Göttingen in einem Brief an Schönaus Bürgermeister vom 13. März 1996

Die Atomkraftgegner investieren an Geld kaum halb so viel wie die Gegenseite, dafür ein Vielfaches an Zeit. Sie ziehen von Haus zu Haus, arbeiten so das Wählerverzeichnis systematisch ab. „Das war echtes Klinkenputzen", sagt Horst Radny, einer von ihnen, später. Und Lehrerin Dagmar Zuckschwerdt gesteht ein: „Das kostete viel Überwindung." Haushalte, in denen eigene Schüler wohnen, spart sie bewusst aus, die werden von anderen in der Gruppe übernommen.

Die Atomkraftgegner suchen Kontakt zu allen Bürgern im Dorf. Sie bringen Referenten nach Schönau, die über diverse Umweltthemen sprechen von der Wärmedämmung bis zur Solarenergie, aber auch über sachfremde Aspekte wie Gewalt unter Jugendlichen oder Impfen im Kindesalter. Es ist ein harter Kampf um Aufmerksamkeit. Ein Volksmusikabend mit dem Münstertäler „Schwarzwald-Duo Raab", eine bizarre Synthese von Heimatmusik und Politsong, zählt zu den denkwürdigsten Veranstaltungen in diesem Winter im Wiesental.

„Das Bürgervotum ist eine Ohrfeige für die deutsche Energiepolitik."
Badische Zeitung, 11. März 1996

Man kann es das Schönau-Prinzip nennen: „Wir waren immer positiv eingestellt, bei uns ließ niemand den Kopf hängen", erinnert sich später Netzkauf-Mitstreiterin Romy Rüscher.

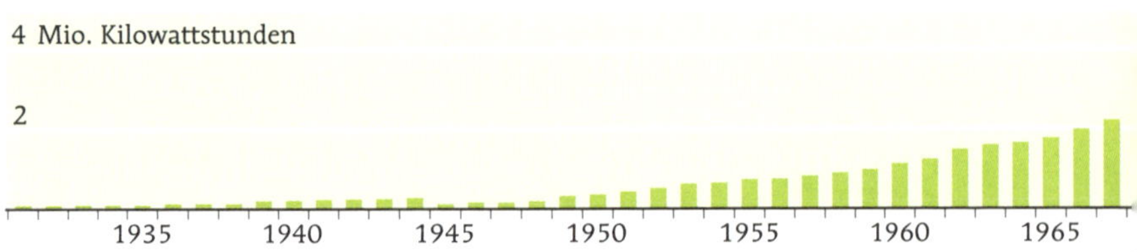

Elektrizitätswerk Schönau (Stadtwerke)

„Schönaus Marmeladen-Sieg"

Dann kommt der Morgen des 10. März 1996. Es ist der Tag der Entscheidung. Draußen liegt ein wenig Schnee, es ist kalt. Und alle in der Stadt wissen: An diesem Abend wird die Welt in Schönau eine andere sein – wie auch immer es ausgeht. Michael Sladek wird von einem Fernsehteam gefragt, wie er sich fühle in diesem Moment. „Verkrampft", sagt er, „verängstigt, gespannt". Man sieht es ihm an. Und manch einer im Ort spekuliert schon, ob er nach einer Niederlage womöglich Schönau verlassen werde.

Die Gegner des Netzkaufs haben weniger zu verlieren. Denn für keinen von ihnen hängt an dem Bürgerentscheid ein Lebensprojekt. Lediglich für die KWR stehen ein wenig Umsatz und wohl etwas mehr Renommee auf dem Spiel.

Am Ende wird für die Sladeks und für die gesamte Netzkauf alles gut. Der Sieg ist zwar äußerst knapp, doch das reicht bekanntlich in einer Demokratie. Das *ZDF* dokumentiert die Ereignisse am 25. Juni im Fernsehfilm „Der Schwarzwald-Coup". Die Tageszeitung *taz* freut sich über „Schönaus Marmeladen-Sieg". Und der *Spiegel* beschreibt die KWR als „extrem verunsicherten Energiekonzern".

In Rheinfelden beginnen die Verlierer des Bürgerentscheides, das für sie unfassbare Ergebnis zu verarbeiten. Die eigene Kundenzeitschrift hilft dabei, indem sie im Mai 1996 ganzseitig über die Vorfälle im Oberen Wiesental berichtet. Der Beitrag trägt die Überschrift: „Schönau wählt das Abenteuer."

Schwarzwald-Duo Raab

„Ich denk oft daran,
woran es liegt,
es darf nicht sein,
dass die Welt zugrunde geht.
Doch ich allein
kann nichts tun,
so fängt es an,
so denkt jedermann
Doch wenn Du's versuchst,
könnt' ich wetten,
gibt's ne Chance
unsere Erde zu retten."
Liedtext Schwarzwald-Duo

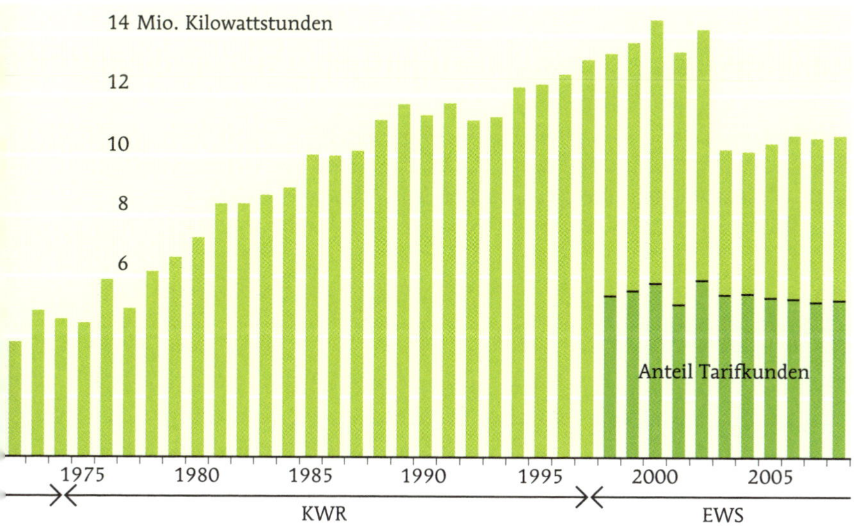

Stromverbrauch in Schönau, Daten 1973 bis 1997 zum Teil interpoliert, 2008 geschätzt, Rückgang 2003 durch Umzug der Frisetta Polymer GmbH & Co. KG nach Utzenfeld.
Quellen: Stadtarchiv Schönau, KWR, EWS

Michael Sladek

Der Stromrebell

Man darf sich davon nicht täuschen lassen, aber Michael Sladek kann unglaublich dynamische Auftritte hinlegen. Dann rauscht ein 100-Kilo-Hüne mit wehender Mähne und wallendem Bart in den Raum, zwingt sein Gegenüber mit dem Händedruck eines Holzfällers in die Knie, hat in der nächsten Sekunde seine Frau begrüßt, in der übernächsten einer Mitarbeiterin den Poststapel entwendet und durchgeschaut und gleichzeitig lauthals verkündet, der Magen hänge ihm in den Kniekehlen und es sei jetzt aber sowas von höchster Zeit, dass man endlich etwas essen gehe. Ein barocker Lebemann wie aus dem Bilderbuch, fleischgewordene Sinneslust mit theatralischer Wucht.

Das ist aber höchstens die Hälfte der Wahrheit. Den anderen Teil erfährt man, wenn man sich von Michael Sladek erzählen lässt, wie die braven Bürger von Schönau zu Stromrebellen wurden. Dann spricht ein sanfter, zurückhaltender Mann, der es gewohnt ist, die Dinge zu überdenken. Dann spürt man den Theologen, der zu werden er sich hätte vorstellen können, bevor er sich für die Medizin entschied. Dann sitzt Michael Sladek in sich ruhend in dem Garten der alten Villa – und das Einzige, was sich an ihm bewegt, sind die langen grauen Haarsträhnen, die der Frühlingswind hin- und herbläst.

Das ist keiner, der aus einer Laune heraus handelt. In der ehelichen Aktionsgruppe Sladek ist er quasi die Abteilung Konzept, Strategie & philosophischer Hintergrund, der Mann mit dem langen Atem – während sie eher der Typ für die großen Hürden ist, die Kraftakte, die dramatischen Zuspitzungen. „Wenn wir gemeinsam auftreten, können wir aber auch die Rollen tauschen", sagt er; „wir können jeder sowohl den good guy als auch den bad guy spielen. Das muss manchmal sein. Die Energiewirtschaft ist eine Männerwelt, da wird die Frau oft nicht ernstgenommen. Und da ist es ganz gut, wenn man ein paar taktische Überraschungen parat hat."

Wie geschmeidig solche Rollenwechsel ablaufen, kann man sehen, wenn man beide gemeinsam erlebt, wenn einer dem anderen das Wort überlässt oder sie unabhängig voneinander etwas in identischen Formulierungen schildern. Ein eingespieltes Team eben. Kein Wunder, sie sind seit mehr als vier Jahrzehnten zusammen. In der elften Klasse haben sie sich kennengelernt, auf dem Gymnasium in Backnang, „und ein Jahr später haben wir uns zusammengetan". 43 Jahre! „Kommt mir selber unglaublich vor", sagt er.

Auch die Erfolgsgeschichte der Schönauer Stromrebellen erscheint ihm im Rückblick wundersam. „Letztlich war es diese Arroganz der Macht, die das angestoßen hat", sagt er, die Unbeweglichkeit des regionalen Energieversorgers. „Wir haben denen vorgeschlagen, macht das doch hier zur Spielwiese, nehmt uns aus dem normalen Netzbetrieb raus, macht mit uns eine Zukunftswerkstatt, Sparmodelle, Preismodelle, Erprobung regenerativer Energien – das hätte ein riesiges sozial-ökonomisch-ökologisches Labor werden können. Nein, hat sie nicht interessiert. Die haben das gar nicht begriffen."

Aber dass Schönau zu „Schönau" wurde, der Ort zur Chiffre, das hat auch mit örtlichen

Besonderheiten zu tun. „Es gibt hier eine lange Tradition des Bürgersinns und der Eigenständigkeit“, sagt er. Schönau ist trotz seiner nur 2500 Einwohner eine richtige kleine Stadt mit Amtsgericht, Gymnasium und Krankenhaus. Und mit Dörfern drumrum, die man bewusst nicht zwangseingemeindet hat. In dieser Tradition haben auch die Strom-Aktivisten sich immer bemüht, möglichst viele Menschen einzubinden.

Die Funktionen auseinanderzuhalten, die Dinge nicht zu vermischen, das ist Michael Sladek wichtig. Er ist ja der Arzt im Städtchen, macht Hausbesuche, hat Belegbetten im Krankenhaus. „Einmal war ich auf Hausbesuch bei einem Patienten“, erzählt er, „da hat der mich gefragt: Herr Doktor, wie ist das jetzt mit dem Strom? Da hab ich gesagt: Moment!, hab die Behandlung fertiggemacht, meine Tasche genommen, bin aus dem Haus, hab aus dem Auto die andere Tasche geholt mit dem Material und bin wieder rein.“ Diese Integrität honorieren die Bürger: Im Gemeindrat ist er Fraktionssprecher der Freien Wähler, gewählt mit der höchsten Stimmenzahl aller Ratsmitglieder.

Michael Sladek wedelt mit einem Stapel Papiere: die Tagesausbeute. Stromrechnungen von Kunden, die von ihrem Stromversorger zu den EWS wechseln. „An machen Tagen kriegen wir bis zu hundert Neukunden“, sagt er begeistert. „Und viele von den Leuten sind über persönliche Kontakte zu uns gekommen. Es gibt sogar schon Stromwechsel-Partys!“

Ob als Arzt, als Gemeinderatsmitglied oder als Stromaktivist – letztlich geht es doch immer um die Menschen. Und eigentlich, denkt man, ist es gar nicht wahr, dass Michael Sladek kein Seelsorger geworden ist.

Juwel eines unerbittlichen Gegners: Das Kraftwerk Rheinfelden, ein Denkmal der Technikgeschichte

Hochspannung
Vorsicht!
Lebensgefahr!
EWS
Elektrizitätswerke

Keine Angst vor großen Zahlen

Wie die Stromrebellen 5,7 Millionen Mark aufbringen und einen Teil davon zurück klagen

Es ist ein kühler Sommertag. Ein wenig hat es geregnet im Schwarzwald an diesem Dienstag morgen, doch gegen Mittag hellt es sich auf, als wollte der Himmel ein positives Zeichen geben. Dieser 1. Juli 1997 ist ein besonderer Tag für Schönau und für viele Mitstreiter in ganz Deutschland: Um 12 Uhr nämlich geht das Schönauer Stromnetz in die Hände der Stromrebellen über. Fristgerecht sind am Vormittag auf dem Konto der Kraftübertragungswerke Rheinfelden (KWR) die geforderten 5,7 Millionen Mark eingegangen. Ein langer Kampf um Millionenbeträge hat damit ein vorläufiges Ende gefunden.

Rückblick ins Jahr 1993. Die Aktivitäten der Schönauer Energieinitiativen haben sich inzwischen konkretisiert, die Übernahme des Netzes wird immer realistischer. Und viele Menschen denken nun darüber nach, wie die nötigen Millionen wohl zusammenzukriegen sind.

Einer von ihnen wohnt im württembergischen Baltmannsweiler. Siegfried Röser steht über die Firma Gedea mit den Schönauern in Kontakt, und ohnehin ist er ein Pionier der Ökoenergien: Seit 1991 schon betreibt er eine eigene Solaranlage auf seinem Hausdach.

Seine Frau ist der Anthroposophie verbunden, Röser kennt daher die GLS Gemeinschaftsbank. Diese wurde im Jahr 1974 als „Gemeinschaft für Leihen und Schenken" in Bochum von anthroposophisch geprägten Idealisten gegründet – und sie ist bis heute ein Unikat in der Bankenlandschaft geblieben. Sie legt Wert darauf, das Kapital ihrer Kunden „sinnstiftend einzusetzen". Röser weiß: „Wenn jemand den Schönauern helfen kann, dann ist es die GLS Bank." Schließlich sei es „immer deren Geschäftsphilosophie gewesen, Bürgeraktivitäten zu unterstützen."

Maschinenbauingenieur Röser ist ein Mann der Tat. Es ist Juni 1993. Röser ruft kurzerhand in der Stuttgarter GLS-Filiale an, landet beim Prokuristen Thomas Jorberg und sitzt schon wenig später in einer schwäbischen Kneipe mit ihm zusammen. Dort stellt Röser dem Banker das Projekt Netzkauf vor – und wird nicht enttäuscht.

Denn Jorberg bringt sofort Bewegung in die Sache. Kurz darauf schon treffen sich Röser und Jorberg in Schönau wieder, am großen runden Wohnzimmertisch der Familie Sladek. Es folgt ein zweites Treffen in Schönau, diesmal auch mit Bankvorstand Hans-Werner Sailer. Und Jorberg sagt: „Die EWS und die GLS Bank sind wie füreinander geschaffen." Denn die Bank aus Bochum hat mit erneuerbaren Energien mehr Erfahrung als andere. Bereits 1987 hatte sie das erste Windrad finanziert, zu einer Zeit, als andere Banken sich dafür noch nicht interessierten. Die Perspektive, nun den nächsten Schritt gehen zu können und ein Gesamtkonzept ökologischer Stromversorgung zu fördern, reizt die Bochumer Ökonomen sichtlich.

Starke Gemeinschaft: Ehepaar Sladek

„Was die Sladeks gemacht haben, war immer wieder gehobene Abenteuerklasse."
Jörg Probst, Aufsichtsrat der EWS, 2008

„Begeistert war ich von den Stromrebellen nicht, aber die Angst vieler Bürger um die Versorgungssicherheit hielt ich nie für gerechtfertigt."
Hermann Josef Ganzmann, von 1956 bis 1974 Leiter des Städtischen Elektrizitätswerks Schönau

Stromversorgung mit hundertjähriger Geschichte: Wasserkraftwerk Rheinfelden

Turbinen im Rheinkraftwerk Wyhlen

Die Schönauer haben zu diesem Zeitpunkt allerdings auch schon ein anderes Eisen im Feuer. Denn nachdem im Januar 1991 der Schönauer Gemeinderat beschlossen hatte, die Netzkauf möge eine Machbarkeitsstudie vorlegen, hatten sich alsbald vielfältige Kontakte zwischen Netzkauf und Experten der Energiewirtschaft bundesweit ergeben. Ein wichtiger Gesprächspartner ist seither Helmut Eicker, Geschäftsführer einer Elektrizitätsgenossenschaft aus Hagen am Teutoburgerwald. Er wiederum bringt den Hamburger Unternehmer Michael Saalfeld ins Spiel.

Auch der ist ganz angetan von dem Schönauer Projekt. Er wendet sich schon am 10. Mai 1991 per Brief an die Netzkauf, um Unterstützung anzubieten. Saalfeld ist Geschäftsführer der BVT Technische Anlagen Verwaltungs GmbH, und er mischt auf dem noch jungen Investmentmarkt der erneuerbaren Energien bereits kräftig mit. Später gründet er die Firma Kommunalfinanz, die Kommunen und Stadtwerken wissenschaftlich-technische und kaufmännische Dienstleistungen für die Energiewirtschaft zur Verfügung stellt. 1996 wird daraus die Vasa Energy GmbH, die durch den Einstieg von Vattenfall ein deutsch-schwedisches Unternehmen wird und heute eine Tochter der Vattenfall Europe AG ist.

„Wir haben das Netzkauf-Konzept sehr eingehend geprüft, die Wirtschaftlichkeit steht außer Frage."
Thomas Jorberg, Vorstandsmitglied der GLS Bank, März 1996

An jenem Tag im Mai 1991 schreibt Saalfeld an die Netzkauf und teilt ihr mit, dass seine Gesellschaft „grundsätzlich bereit" sei, für das Vorhaben „das notwendige Eigenkapital zur Verfügung zu stellen". Der Finanzexperte, so weiß unterdessen die Wochenzeitung *Die Zeit* zu berichten, habe ausgerechnet, „dass das Öko-Projekt im Schwarzwald ein lohnendes Investitionsvorhaben auch für private Geldanleger wäre". Saalfeld rechne mit einer Verzinsung „nicht unter zehn Prozent, konservativ und vorsichtig gerechnet".

Die Millionen-Akquise mit der GLS

Im Oktober 1993 ist Ortstermin in Hamburg bei Michael Saalfeld. Sein Büro liegt am Ballindamm, ein chicer Altbau an der Binnenalster. Der Unternehmer ist an dem Projekt Netzkauf noch immer sehr interessiert. Man unterhält sich angeregt, Saalfelds Angebote klingen solide. „Wir hatten den großen Check vor der Nase“ wird Rolf Wetzel später sagen. Und doch ist es eine andere Welt, aus der dieser Unternehmer kommt. Als die Stromrebellen wieder draußen sind, sagt Walter Bolz zu Michael Sladek: „Weißt Du, was da für Stundenlöhne am Tisch saßen?“ Man hört ein wenig Unbehagen heraus.

„Ein Funke, der die Energiekonzerne elektrisiert - Mit dem Kauf des Leitungsnetzes setzen die Stromrebellen im Schwarzwald ein Signal auch für andere Kommunen.“
Süddeutsche Zeitung,
4. Juli 1997

Per Zug fahren die Schönauer weiter nach Bochum. Es steht ein zweiter Termin an, diesmal bei der GLS Bank. Die Diskussion im Zug über den zurückliegenden Vormittag wird lebhaft. Michael Sladek ist aufgeschlossen, Saalfeld ins Boot zu holen, Horst Radny erst recht. Rolf Wetzel ist strikt dagegen: „Ein solcher großer Kapitalgeber passt nicht zu unserer Struktur“, sagt er, „wir sind eine Bürgerbewegung“. Sladek jedoch gibt zu bedenken: Das Projekt wäre mit Saalfeld finanziell gesichert. Doch die Gegenargumente sind auch nicht zu verachten: Welchen Platz wird die Basis noch haben, wenn ein Großinvestor einsteigt? Werden die Bürger im Städchen das Unternehmen noch mitgestalten können? Als der Intercity in Bochum einläuft, haben sich die Meinungen in der Gruppe angenähert – und noch in den Räumen der GLS Bank fällt dann die Entscheidung: Man wird mit der Bank kooperieren. Zumal Bankvorstand Jorberg sagt: „Bisher hat sich noch jeder Fonds, den wir aufgelegt haben, gefüllt.“ Investor Saalfeld, der „illustre Ökostrom-Krösus“ (*Der Spiegel*), ist damit in Schönau außen vor. Er gründet 1998 den Hamburger Ökostromanbieter Lichtblick.

Bei der GLS Bank geht es nach der Entscheidung flott voran. Schon im Dezember 1993 stellt sie einen speziellen Fonds vor, der das Eigenkapital für den Kauf des Netzes einsammeln soll. Er heißt GKG-Energiefonds-Schönau, wobei GKG für die Gemeinnützige Kredit-Garantiegenossenschaft eG steht, eine Vorgängerinstitution der GLS Bank. Ab 5000 Mark Einlage können Investoren einsteigen, die Laufzeit beträgt 15 Jahre.

2,4 Millionen Mark kriegt die GLS Bank auf diese Weise binnen vier Monaten zusammen. Als sogenanntes partiarisches Darlehen soll das Geld an die Elektrizitätswerke Schönau fließen. Ein solches Beteiligungsdarlehen ist eine Sonderform des Darlehens: Der Geldgeber erhält einen Anteil am Gewinn oder Umsatz des Geschäfts.

Aufkleber aus den siebziger Jahren

„Mit dem Geld ist auch Verantwortung verbunden, die sollte man nicht am Bankschalter abgeben. Wir entwickeln Instrumente, mit denen man die Verantwortung für das, was mit dem Geld passiert, mit übernehmen kann."
Thomas Jorberg, Vorstandsmitglied der GLS Bank, März 1996

Doch auch an anderer Stelle wird gesammelt. Durch direkte Beteiligung am Netzkaufprojekt bringen Menschen aus der ganzen Republik weitere 1,7 Millionen Mark auf. So werden 650 Bürger Gesellschafter der Netzkauf GbR.

Vier Millionen Mark aus Bürgerhand liegen damit auf den Konten der Netzkauf – noch immer viel zu wenig nach Ansicht der KWR, die der Stadt Schönau am 25. Oktober 1994 ihre Preisforderung präsentieren: 8,7 Millionen Mark sei das Schönauer Netz wert. Ein Gutachten hat das ergeben. Man spricht vom „Sachzeitwert".

Einige Mitstreiter sehen das Netzkauf-Projekt damit scheitern. Michael Sladek bleibt gelassen. „Schönau hat offenbar das wertvollste Stromnetz der ganzen Republik" kommentierte er trocken in diesen Oktobertagen. Für ihn ist offenkundig, dass die KWR an dem hohen Betrag nicht werden festhalten können.

Das Unternehmen allerdings fühlt sich auf der sicheren Seite. Man hat schließlich einen namhaften Gutachter herangezogen, die Wibera Wirtschaftsberatung aus Stuttgart. Sie ist sehr angesehen in der Branche, eine Art Haus-und-Hof-Gutachter der Gemeinden und Kommunalunternehmen. Später wird die Wibera zur Tochter der Wirtschaftsprüfungsgesellschaft PricewaterhouseCoopers.

Das Gutachten kommt somit von guten Eltern – glauben zumindest die KWR. Und man darf annehmen, dass den KWR der hohe Preis gelegen kommt, schreckt er doch so herrlich ab. Jegliche Zweifel an den Kalkulationen der Gutachter werden daher in Rheinfelden erfolgreich verdrängt. Man beißt sich daran fest, dass KWR-Vorstand Hubert Peitz der Wibera mit auf den Weg gegeben hatte, das Gutachten müsse „gerichtsfest" sein. „Ein solches Gutachten kriegen Sie", hatte wiederum der Wibera-Mann versprochen.

Damit steht die geballte Kompetenz der Wibera gegen die Stromrebellen – man hätte vor Ehrfurcht erstarren können. Doch Michael Sladek und seine Mitstreiter zeigen sich eher belustigt über die verwegene Kalkulation. Denn längst haben sie selbst gerechnet und rechnen lassen. Mit deutlich anderem Ergebnis: Die Zwei-Mann-Firma BET (Beratende Ingenieure für Energiewirtschaft und Technik) aus Aachen hat einen Sachzeitwert des Netzes von nur 3,95 Millionen Mark ermittelt. Weniger als die Hälfte also.

Die Unterschiede offenbaren sich schnell: Die Wibera setzt die vorhandenen 20-kV-Erdkabel mit einem Wiederbeschaffungswert von 3,3 Millionen Mark an, BET hingegen mit nur 1,3 Millionen Mark. Die Wibera kalkuliert für jeden Stromzähler einen Wiederbeschaffungswert von

Bundesweite Sammelaktion: Der „Atom-Count-Down" hat begonnen

75 Mark – als käme der Installateur für jeden Zähler extra angefahren. BET rechnete dagegen – zweifellos realistischer – mit nur 30 Mark.

So stehen sie dann unversöhnlich gegenüber, die beiden Gutachter und ihre Auftraggeber. Auf der einen Seite die BET des Wolfgang Zander, der gerade sein Studium als Ingenieur beendet und seine eigene kleine Firma gegründet hat. Auf der anderen die namhafte Wibera, die im Zusammenspiel mit den KWR jegliche Kritik an ihren Zahlen ignoriert. „Die eingesessenen Energieversorger sind es nicht gewohnt, dass sie kompetent kritisiert werden", muss Zander feststellen.

Kritik an Wibera und KWR jedoch ist dringend nötig. Denn selbst das sogenannte Mengengerüst der beiden Gutachter ist unterschiedlich. Ingenieur Zander hat 21 Kilometer Erdkabel ermittelt, nachdem ein Student das KWR-Netz in Schönau eigens für die Bürgerinitiative vermessen hat. Die Wibera hingegen geht von 33 Kilometern aus. Die Zahl ist aufgrund irgendwelcher Erfahrungswerte geschätzt. Doch schnell wird klar: BET hat recht. Und Zander sagt triumphierend: „Von dem großen Namen Wibera haben wir uns nie einschüchtern lassen."

Es ist der 30. November 1994, als im Sitzungssaal des Schönauer Rathauses Bürgermeister Bernhard Seger, einige Stadträte, der Vorstand der KWR und Vertreter der EWS zusammenkommen. Die unterschiedlichen Preisvorstellungen beim Sachzeitwert stehen sich noch immer unversöhnlich gegenüber. Und weil keiner der Anwesenden das Problem lösen kann, beschließt die Runde, dass sich die beiden Gutachter zusammensetzen sollen, um die Preisunterschiede zu klären.

Die Terminvereinbarungen erweisen sich als schwierig, erst am 26. Mai 1995 kann das Gespräch der Gutachter Zander und Wilfried Banze (Wibera) stattfinden. Am Ende kann Zander überzeugen: Banze sichert zu, eine modifizierte Bewertung vorzunehmen – auf Basis der

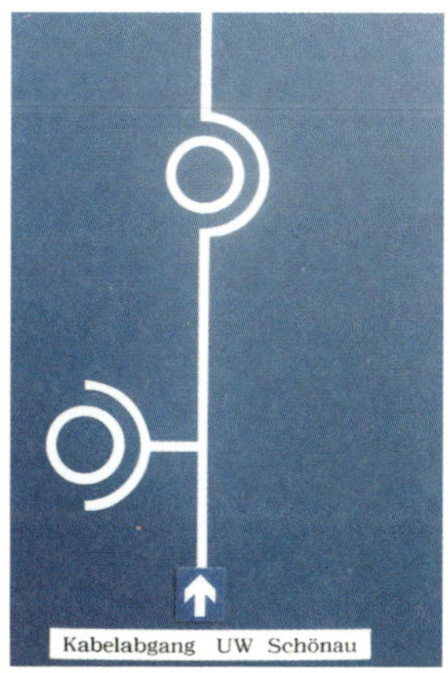

Kaufpreis gesucht: Elektrische Anlagen in Schönau

Ludwig Schad (78). Landwirt, Hobbygärtner und Störfall.

Kabellängen der BET. Ein kleines Ingenieurbüro hat damit die große Wibera bloßgestellt. Eine schöne Geschichte, auch für die Zeitungen.

Bei der Wibera in Stuttgart wird unterdessen erneut gerechnet. Längst ist offenkundig, dass der Wibera die Sache entglitten ist. Längst ist klar, dass von einem gerichtsfesten Gutachten keine Rede sein kann. Und dennoch halten die KWR an den 8,7 Millionen Mark fest. Kompromisslos. Die Zahl 8,7 steht noch, wie in Stein gemeißelt.

Der clevere Schachzug: erst zahlen, dann klagen

Wie auch immer die Preisforderung am Ende aussehen würde – es werden die Gerichte sein, die über den Kaufpreis entscheiden. Daran zweifelt inzwischen niemand mehr. Angst haben die Schönauer davor nicht, ein Problem haben sie damit gleichwohl. Denn das Verfahren würde sich über Jahre hinziehen und damit den Start des Schönauer Ökostromversorgers erheblich verzögern. Das würde dem ganzen Projekt die Dynamik nehmen – mit ungewissem Ausgang.

Was also tun? Die Stromrebellen entscheiden sich, den überhöhten Preis zu bezahlen, wie hoch er am Ende auch immer sein möge. Doch sie werden nur unter Vorbehalt zahlen, und dann zurückklagen, was sie für überhöht halten.

Die Idee ist clever, doch es gibt ein weiteres Problem. Denn selbst, wenn die geforderten 8,7 Millionen Mark an Eigenkapital aufgebracht werden können, wird das Wirtschaftsministerium den Betrieb des E-Werks niemals genehmigen. Und zwar mit der Argumentation, dass bei diesem Kaufpreis keine angemessene Eigenkapitalrendite erzielbar sei. Rentabilität jedoch verlangen die Aufsichtsbehörden, sonst gibt es keine Bewilligung.

„Im Nachhinein hat uns die Sache in Schönau sehr genutzt – und mich hat das Projekt darin bestätigt: Vom brav sein alleine wird man nichts."
Wolfgang Zander im Jahr 2008, als sein Unternehmen BET auf 60 Mitarbeiter angewachsen ist

Einerseits ist diese Erkenntnis für die Netzkauf sogar beruhigend, denn sie lässt einen Umkehrschluss zu: Auch das Ministerium hält die Preisvorstellungen der KWR offenbar für überzogen. Andererseits löst diese Erkenntnis aber das Problem nicht.

Es gibt nur einen Ausweg: Ein Teil des Geldes muss aus Spenden kommen, damit es nicht als Eigenkapital gezählt wird. Dann könnte man das Netz mit nur vier Millionen Mark Eigenkapital kaufen, und man käme folglich auf eine Kapitalrendite, die ausreicht für die Zulassung als Stromversorger – im Jargon §5-Genehmigung genannt.

Also heißt es Spenden sammeln, und die GLS Bank hat auch schon wieder eine Idee. Am 26. April 1996, dem zehnten Jahrestag der Tschernobyl-Katastrophe, startet sie die Aktion „Atom-Count-Down" zusammen mit der Stiftung Neue Energie, einer Gründung des Ökophilosophen Carl Amery. Die Kampagne läuft gut an, bis Ende Juni sind bereits 400.000 Mark zusammen.

Werber kreieren den Slogan „Ich bin ein Störfall"

Mehrere Millionen sollen gesammelt werden. Michael Sladek rechnet vor: Man müsste eine Million Atomkraftgegner dazu bewegen, jeweils fünf Mark zu spenden. Das klingt überschaubar, aber es ist ein weiter Weg.

Plötzlich kommt Stephan Rotthaus, Kommunikationsexperte der GLS Bank, mit einer verwegenen Idee. Man könnte die 50 größten deutschen Werbeagenturen darum bitten, eine Spendenkampagne für die EWS zu entwerfen. Dabei müsste es allerdings zwei Bedingungen geben: Erstens darf die Kampagne nichts kosten. Und zweitens darf die Agentur keine Verbindungen zur etablierten Stromwirtschaft unterhalten.

„Meine Güte, so naiv kann man doch gar nicht sein" denkt Ursula Sladek, „wer soll sich denn da melden?" Doch sie wird überrascht: 15 Agenturen bieten nach der ungewöhnlichen Anfrage tatsächlich ihre Dienste an. Kostenlos wohlgemerkt, allesamt. Später wird Ursula Sladek sagen: „An diese Begebenheit denke ich immer, wenn ich mir etwas nicht vorstellen kann."

Der Zuschlag geht an die Frankfurter Werbeagentur D'Arcy, Masius, Benton & Bowles (DMB&B), die später von der Agentur Publicis übernommen wird. In der Geschäftsleitung von DMB&B ist der ungewöhnliche Auftrag umstritten. Ob man sich damit nicht potenzielle Kunden aus der etablierten Stromwirtschaft vergrätze? Bis dato hatte man solche zwar nicht, aber man will sich eben keine Chancen verbauen. Doch die Befürworter setzen sich durch, und so schickt die Agentur drei Teams ins Rennen, jedes aus zwei oder drei Mitarbeitern bestehend.

Eines der Teams wird von Thomas Hönscheid geleitet. Er kreiert den Slogan: „Wir übernehmen die Leitung." So richtig glücklich ist man im Team damit nicht, aber eine andere Idee gibt es auch nicht. Und so sitzt man dann zusammen im Dreierteam, ist frustriert und entwickelt irgendwann „Galgenhumor", wie Artdirektorin Katja Leblonde sagt. In dieser Situation wirft Texterin Heidrun Schmitt flapsig den Slogan „Ich bin ein Störfall" in die Runde, ganz ernst ist er nicht gemeint. Es ist einer jener spontanen Sätze, die einem in den Kopf schießen, wenn man herum blödelt, wenn nichts mehr voran geht. Doch damit ist er in der Welt. Hönscheid sagt: „Jawohl, der Satz ist es." Urheberin Schmitt zögert, muss sich erst mit ihrer eigenen Idee anfreunden. „Der Slogan bringt Dynamik in die Kampagne", sagt Hönscheid. Man diskutiert weiter - und am Ende steht das Dreierteam geschlossen hinter der Idee.

Dann werden Bildmotive ausgewählt, ein ganzes Dutzend. Sie reichen von Baby Hanna („9 Monate, Stofftiersammlerin und Störfall") bis zu Landwirt Ludwig Schad („Hobbygärtner und Störfall"). Und immer steht der knallgelbe Balken mitten im Bild, unverkennbar, provokant, auch ein wenig skurril: „Ich bin ein Störfall." Die Fotografen arbeiten kostenlos, die Models ohnehin. Dann werden T-Shirts gedruckt in entsprechendem Design.

Hanna Kück (9 Monate). Baby, Stofftiersammlerin und Störfall.

Peter Jacobs(45). Unternehmer, Familienvater und Störfall.

Kirsten Schreier (23). Studentin, Skandinavien-Fan und Störfall.

Motive der Störfall-Kampagne

Wasserkraftwerk am Flüsschen Wiese: EWS-Mitarbeiter Frank Ziegler

„Gewöhnen müssten sich die Schönauer allerdings an manches Neues: Ein so kleines Netz könnte nicht wirtschaftlich betrieben werden. Rote Zahlen oder höhere Preise wären die Folge."
Gerhard Haury, Vorstandsmitglied KWR vor dem zweiten Bürgerentscheid

Schon bald darauf – es muss alles schnell gehen – präsentieren die Werber ihre Kampagne in den Frankfurter Agenturräumen. Auch die beiden anderen Entwürfe aus gleichem Hause stehen zur Diskussion. Ehepaar Sladek ist angereist, Rolf Wetzel, Banker Thomas Jorberg mit Pressesprecher Stephan Rotthaus. Doch bei Michael Sladek und Thomas Jorberg findet die Störfall-Kampagne wenig Zuspruch. „Wir sind doch kein Störfall", sagt Michael Sladek, „wir wollen doch positiv rüberkommen." Er bevorzugt den Slogan eines anderen Teams: „Das Energiewirtschaftswunder". Jorberg sieht das ähnlich. Ursula Sladek aber findet die Werbezeile mit dem Störfall durchaus diskutabel: „Es sollte doch was Mutiges sein", sagt sie. Die beiden Männer überzeugt das nicht.

Stephan Rotthaus will partout den Störfall: „Ich mache nur mit bei dem Projekt, wenn wir den Störfall nehmen", sagt er. Also stimmt die Runde ab, jeder hat drei Stimmen, es darf gesplittet werden – und die Störfall-Kampagne gewinnt haarscharf. „Wir haben schwer geschluckt", erinnert sich Jorberg. Doch im Nachhinein stellt sie niemand mehr in Frage. Und Michael Sladek wird später sagen: „Die Entscheidung war segensreich, da lag ich total falsch."

DMB&B präsentiert Kampagne und Slogan am 10. September 1996 zeitgleich in Frankfurt, Freiburg, Hamburg und München. Bundesweit erscheinen die Anzeigen alsbald in Zeitungen wie der *Frankfurter Rundschau* und Zeitschriften wie dem *Manager-Magazin*.

Auch der *Spiegel* schreibt über die Kampagne, nennt sie eine "spektakuläre Aktion". Begeistert von der öffentlichen Resonanz schiebt die Werbeagentur sogar noch einen Fernsehspot nach. "Als auch der *Spiegel* über die Kampagne berichtete, zeigten plötzlich auch unsere Chefs Interesse", erinnert sich Texterin Heidrun Schmitt. Mit dem Erfolg des Störfalls haben sich auch in der Agenur alle Vorbehalte verflüchtigt.

Störfall-Bekenntnis auf dem T-Shirt: Michael Sladek

Die KWR – wer war das eigentlich?

Wie sich ein regionales Wasserkraftunternehmen als Verfechter der Atomkraft verrennt

Warum waren es gerade die Kraftübertragungswerke Rheinfelden (KWR), die sich im Kampf gegen die Schönauer Ökoambitionen so sehr verrannten? Sachlich gesehen gab es dafür zumindest vordergründig keinen Anlass. Denn die KWR waren ein regional verankertes Unternehmen, und einem solchen unterstellt man gemeinhin Bürgernähe. Die KWR waren zudem der Wasserkraft wie kaum ein anderes Stromunternehmen verbunden, denn ihr Ursprung war das Wasserkraftwerk Rheinfelden, das 1898 als größtes Kraftwerk Europas ans Netz ging.

Und doch agierten die KWR in den 1990er Jahren immer wieder als Provokateure. Sie kürzten im Jahr 1995 gesetzeswidrig einem regionalen Kleinwasserkraftbetreiber die Einspeisevergütung, um das damals geltende Stromeinspeisungsgesetz vor den Bundesgerichtshof zu zerren (wo die KWR natürlich scheiterten). Und sie warben im Jahr 1996 in der regionalen Tageszeitung großformatig mit eigenwilligen Zahlenspielen: „Heizen mit Strom – mit gutem Gewissen."

Warum das alles? Vermutlich waren es die Verflechtungen der KWR mit der Atomwirtschaft, die gegenüber allen Umweltschutzbemühungen einen Beißreflex provozierten. Bereits 1959 hatte sich das Unternehmen mit 205.000 Mark an der „Kernreaktor-Finanzierungsgesellschaft mbH" in Frankfurt beteiligt. Auch in anderen Atomgesellschaften, wie etwa der „Kernkraft Baden-Württemberg Planungsgesellschaft mbH" waren die KWR finanziell engagiert. Und dann besaßen sie auch noch Anteile an den Atomkraftwerken Obrigheim (3 Prozent) und Leibstadt in der Schweiz (5 Prozent). Mehrheitlich gehörten die KWR zu den Zeiten des Schönauer Netzkampfes zur schweizerischen Elektrowatt-Gruppe, aus der später die Watt AG hervorging.

Nach der verlorenen Auseinandersetzung um das Schönauer Netz verabschiedeten sich die KWR dann übrigens von ihren Atombeteiligungen. Zum 30. September 1999 verkauften sie ihren Leibstadt-Anteil, im Januar 2001 auch die Obrigheim-Prozente. Käuferin war jeweils die EnBW. Ganz offen erklärten die KWR, dass der Verkauf eine Reaktion auf den öffentlichen Druck sei. Denn zwischenzeitlich hatte das Unternehmen zusammen mit seiner Schwester Kraftwerk Laufenburg (KWL) die Ökostrommarke „NaturEnergie" etabliert, und da waren Atombeteiligungen nicht mehr opportun.

Heute sind die Namen KWR und KWL Geschichte – die Firmen gingen in der Energie Dienst-Gruppe auf. Diese gehört zum EnBW-Konzern und verkauft ihren Wasserkraftstrom weiterhin unter dem Produktnamen „NaturEnergie".

Keimzelle der KWR: Das Wasserkraftwerk Rheinfelden

Auf der Suche nach Unterstützern: Ein Störfall zieht durchs Land

„40 Prozent des nötigen Stroms liegen in den deutschen Heizungskellern vergraben. Die Kraft-Wärme-Kopplung ist damit die entscheidende Technologie für den Atomausstieg und sie leistet einen wichtigen Beitrag zum Klimaschutz.“
Michael Sladek

Erfolg hat auch der Werbefilm. Kinos zeigen ihn kostenlos, Fernsehsender ebenso. Und auch für das Radio wird eine Fassung produziert. Für die Agentur geht die Rechnung ebenfalls auf, sie hat sich im umkämpften Werbemarkt neu positioniert. „DMB&B hatte meistens Kunden, die recht gewöhnliche Werbung wollten“ erklärt Werber Thomas Hönscheid später, „und deshalb bot das Schönau-Projekt die Chance, sich im Ranking der kreativen Agenturen nach vorne zu schieben“.

Auch für die Stromrebellen wird die Störfall-Aktion zum Erfolg, denn aus der ganzen Republik kommt Unterstützung: Greenpeace und der Bund für Umwelt und Naturschutz (BUND), der Naturschutzbund (NABU) und der World Wide Fund for Nature (WWF) rufen bundesweit zu Spenden auf.

Und viele machen mit: Schüler schicken ihr Taschengeld, Senioren stellen ihre Geburtstage unter das Motto „Ich bin ein Störfall“ und bitten um Spenden für den Schönauer Netzkauf anstelle der Geschenke. Eine Frau aus Frankreich überweist gleich 25.000 Mark. Als dann ein Dankesbrief aus Schönau eingeht, freut sich die Spenderin sehr - und überweist kurzerhand nochmals 25.000 Mark. „Wenn der Störfall nicht geklappt hätte, wäre das eine Enttäuschung für Tausende von Menschen gewesen“, sagt hinterher Michael Sladek.

Die Stromrebellen hoffen zugleich noch auf Großspender. Vielleicht Alfred Ritter? Auch der baden-württembergische Schokoladenfabrikant und Solarunternehmer hatte mit Tschernobyl seine Erfahrungen gemacht. Die Haselnüsse aus der Türkei, die er für seine Schokolade brauchte, waren verstrahlt seinerzeit. Ritter musste daher in Kalifornien einkaufen. „Das Ereignis hat bei mir viele Denkprozesse ausgelöst“, sagt er, „der Unfall hat deutlich gemacht, dass wir unsere Energie künftig anders gewinnen müssen“.

Geldgeber und Ökostrom-Kunde: Alfred Ritter

Ein guter Unterstützer des Netzkaufs, womöglich. Michael Sladek kennt ihn noch nicht, aber was soll's. Zusammen mit Thomas Jorberg fährt er im Oktober 1996 nach Karlsbad bei Karlsruhe, dort leitet Schokoladenunternehmer Alfred Ritter seine Solarfirma Paradigma. Sladek trägt Ritter sein Ansinnen vor: „Wir brauchen Geld für unser Stromnetz." Es ist sein erster Kontakt mit dem Unternehmer.

Der wirkt nachdenklich. „Wieviel wollen Sie denn haben?" fragt er zurück. „200.000 Mark" sagt wiederum Sladek. Ritter kennt solche Anfragen, sie sind nicht selten. Oft muss er ablehnen. „Ich habe gerade viel Geld mit dem Hotzenblitz verloren", sagt er noch. Das war das legendäre Elektrofahrzeug aus dem Hotzenwald, das zwar Kultstatus erlangte aber am Markt recht erfolglos blieb. Und dann sagt Ritter den Schönauern das Geld kurzerhand zu.

Denn auch er kann ein wenig rebellisch sein, wenngleich er auf Fremde nicht unbedingt so wirkt. „Den Prozess gegen KWR will ich unterstützen", sagt er, und räumt später seine „spitzbübische Freude" ein, die er bei dem Gedanken hatte, die etablierten Energieversorger ein wenig zu piesaken. Michael Sladek fährt an diesem Tag nach Hause, beeindruckt von der unkomplizierten Art Ritters. Und ein gutes Stück weiter auf dem Weg zum eigenen Netz.

„In Schönau nehmen Bürger Probleme in die Hand, die von der Politik nicht mehr gelöst werden können."
Thomas Jorberg, Vorstandsmitglied der GLS Bank, März 1996

Überhaupt läuft die Spendenkampagne gut. Binnen sechs Wochen ist die erste Spendenmillion zusammen, am Ende sind es fast zwei Millionen. 100.000 Mark steuert der Heidelberger Ökoenergie-Mäzen Volker Reimann-Dubbers noch bei, der Ende 1997 auch die VRD-Energiestiftung Mannheim gründet.

Das große Projekt ist damit gesichert – doch schon ergibt sich ein neues Problem: Eine gemeinnützige Stiftung darf laut Gesetz kein Wirtschaftsunternehmen finanzieren. Doch ein solches sollen die EWS ja gerade werden. Nach langer Prüfung findet sich ein Ausweg: eine Stiftung in kommunaler Trägerschaft. Die nämlich hat größere Freiheiten. Also gründet die Stadt Schönau später die Umweltstiftung Schönau zur Abwicklung der Zahlungen.

Peinliches Spiel um die Millionen

Zeitgleich beginnt der Preis des Netzes zu bröckeln. Die KWR müssen im Oktober 1996 erwartungsgemäß eingestehen, bislang mit einem viel zu hohen Preis operiert zu haben. Statt 8,7 Millionen sei das Netz nur 6,5 Millionen Mark wert, heißt es nun.

Zwei Jahre hat es gedauert, bis die Wibera die Anmerkungen des Gegengutachters Zander in ihre Berechnungen eingearbeitet hat. KWR-Prokurist Kai-Hendrik Schlusche, der neu ist in dem Unternehmen, entschuldigt den Fehltritt: Die Wibera sei bei ihren Annahmen von „bundesweiten Erfahrungen" ausgegangen. Sie habe etwa bei der Länge von Tiefbaugräben einen Pauschalfaktor angenommen, der sich jedoch für Schönau als unzutreffend erwiesen habe. Gleichwohl fällt die

Könnte von der Netzkauf stammen: Spruch am Schönauer Philosophenweg

Pleite in der Öffentlichkeit ganz eindeutig auf die KWR zurück. Auch, weil das Unternehmen den Preis noch forderte, als er offenkundig nicht mehr zu halten war.

„Peinlich, peinlich“, kommentiert daraufhin die *Badische Zeitung* den Vorfall und erkennt einen „zusätzlichen Imagegewinn für die Ökoinitiative“. Die Netzkäufer unterdessen frotzeln: Die Wibera hätte doch nur frühzeitig bei der Netzkauf nachfragen müssen.

„Eine Gemeinde dieser Größenordnung ist schlecht bedient, wenn sie ihre Energieversorgung selbst macht.“
KWR-Vorstand Hubert Peitz in einem Schreiben an den Bürgermeister von Schönau

Die nun im Raum stehenden 6,5 Millionen Mark sind aus Sicht der Netzkäufer zwar noch immer zu hoch. Doch entsprechend ihrer Strategie „kaufen und dann klagen“ lassen sie sich nicht beirren. Und längst schwant den KWR: Das Wibera-Gutachten ist alles andere als gerichtsfest.

KWR-Jurist Manfred Gollin sucht die Flucht nach vorne. Er stellt firmenintern die Frage in den Raum, ob man sich nicht in der Mitte, also bei 4,7 Millionen Mark, treffen könne. Sein Kollege Hubert Peitz pfeift ihn zurück: Wenn es eine Einigung geben solle, müsse der Wert „deutlich über fünf Millionen Mark“ liegen.

Ein solches „Friedensangebot“, wie die KWR es nennen, kommt dann tatsächlich. Am 21. März 1997 geht erneut ein Schreiben bei den EWS ein: 5,7 Millionen Mark fordert der Stromversorger nun. Die Zahl ist das Ergebnis weiterer Verhandlungen der KWR mit Anwalt Peter Becker, einem renommierten Energierechtler aus Marburg, und Ingenieur Zander. Es soll definitiv das letzte Angebot sein. Weil aber die EWS den Preis noch immer zu hoch finden, bleibt es dabei: Man wird die Gerichte bemühen.

April 1997: EWS schaffen die erste bezahlte Stelle

Am 1. April 1997 stellen die EWS ihren ersten bezahlten Mitarbeiter ein: Martin Halm, ein 30-jähriger Elektroinstallateurmeister wird Betriebsstellenleiter. Bislang wurde das ganze Unternehmen von Ehrenamtlichen geführt. Doch jetzt muss professionalisiert werden, nicht zuletzt der §5-Genehmigung wegen. Eine solche kriegen Laien natürlich nicht. Der Tod von Steuerexperte Walter Bolz im Februar 1997 erschwert die Sache nun zusätzlich.

Vieles hängt jetzt an Martin Halm. Er hat seine Ausbildung bei den Stadtwerken Bruchsal gemacht. Selbstbewusst hatte er sich im Dezember 1996 in Schönau präsentiert, als er sich auf die ausgeschriebene Stelle bewarb. Dass er nebenher Fußballtrainer ist und auch das dörfliche Vereinsleben schätzt, kommt ihm bei der Entscheidung zugute – die EWS brauchen in ihrer Situation jemanden, der Bürgernähe verkörpert. Denn mancher eingesessene Schönauer empfindet die EWS noch immer als Fremdkörper.

Wertvolle Kontakte zu früheren Kollegen: Martin Halm

Am 3. April sitzt Halm in Rheinfelden, ihm gegenüber unter anderem Willi Kohler, Betriebsstellenleiter der KWR in Zell. Halm eröffnet den KWR, dass die EWS zum 1. Juli den Netzbetrieb übernehmen wollen – und erntet dafür nur ein mildes Lächeln auf der Gegenseite: Wie er sich das denn vorstelle? Das Netz der EWS müsse schließlich von den KWR-Anlagen entflochten werden, und dazu seien Trafostationen nötig. Die würden die EWS so schnell nicht kriegen. Drei Monate Lieferzeit allein für die Trafos seien Minimum. Das wisse man in der Branche.

Historisches Wasserkraftwerk auf dem Schönauer Irisette-Gelände

Als die Sitzung vorbei ist, ruft Halm sofort bei seinen früheren Kollegen in Bruchsal an: „Wir brauchen kurzfristig Trafos, könnt Ihr uns helfen?" Sie können. Im Netzgebiet von Bruchsal mit seinen 38.000 Einwohnern werden die Anlagen stets in größerer Zahl bestellt und auch vorgehalten. Da lassen sich einige auch kurzfristig an die EWS verkaufen. Alte Berufskollegen können Gold wert sein.

An anderer Unterstützung jedoch fehlt es in diesen Wochen – Hilfe aus Stuttgart gibt es kaum. Wolfgang Zander weiß, warum: „Die Nähe der Landesregierung zu den KWR ist größer als zur Bürgerinitiative." Auch für Martin Halm endet ein Termin im Stuttgarter Wirtschaftsministerium am 30. April mit der bitteren Erkenntnis: „Die Landesregierung will die Übernahme noch verhindern."

Die Stromrebellen jedoch lassen sich nicht bremsen. Sie arbeiten unbeeindruckt auf den 1. Juli hin, den Tag, an dem sie das Netz übernehmen wollen. Zum 1. Mai beziehen sie ihre neuen Firmenräume in der Neustadtstraße, das Büro in der Ledergasse ist zu klein geworden.
Auch die Elektriker kommen zügig voran. Mitte Juni ist das Schönauer Netz vom KWR-Netz technisch entflochten, die Messstationen an den Übergabepunkten sind eingebaut. Die Übernahme kann also erfolgen. Und mancher KWR-Mann kann sich nur wundern in diesen Tagen.

„Wir wussten nicht im Detail, wie man den Sachzeitwert des Netzes ermittelt, wir haben uns voll auf die Wibera verlassen."
KWR-Vorstand Manfred Gollin im Rückblick

Aufkleber der frühen Anti-AKW-Bewegung

Eine Hürde freilich ist noch nicht genommen: Die §5-Genehmigung aus Stuttgart steht noch immer aus. Das Wirtschaftsministerium moniert am 12. Juni, dass „bisher eine gesicherte Kapitalausstattung nicht nachgewiesen“ sei. Folglich sei nicht gesichert, dass „eine wirtschaftliche Stromversorgung auf Dauer ermöglicht“ werde.

Ferner erklärt das Ministerium, dass „sofern die EWS mit nur drei technischen Fachkräften ausgestattet werden sollen“ ein entsprechender Vertrag mit einem benachbarten EVU oder einer ortsansässigen Elektrofirma abzuschließen sei. Dieser müsse sicherstellen, „dass in Störfällen außerhalb der normalen Arbeitszeit unter Berücksichtigung von Urlaubs- und Krankheitsfehlzeiten eine oder gegebenenfalls auch zwei Ersatzfachkräfte kurzfristig und uneingeschränkt eingesetzt werden können.“

Michael Sladek spannt kurzerhand einen Elektriker aus der Stadt ein, der zusichert, jederzeit zur Verfügung zu stehen. Denn eine weitere Planstelle gibt die EWS-Kalkulation nicht her.

Und doch verzögert sich die Genehmigung immer weiter. Josef Wennrich, Leiter der Abteilung Energie, Rohstoffe und Umwelt im Wirtschaftsministerium begründet den Zeitverzug mit der „unprofessionellen Antragstellung“. Doch Wolfgang Zander sagt im Juni, es gebe für das Land keine Möglichkeit mehr, die Übernahme abzulehnen. Die Stromrebellen vertrauen auf diese Einschätzung.

Es ist der 25. Juni, Mittwoch morgen, die Zeit wird langsam knapp. Am nächsten Dienstag wollen die EWS das Netz übernehmen, doch die Genehmigung aus Stuttgart ist noch immer nicht eingetroffen. Mediziner Sladek hat Patienten an diesem Vormittag, schließlich hat er auch noch seinen Beruf. Für den Nachmittag sind erneut Telefonate mit Stuttgart geplant. Die Zeit drängt.

Ökostrom fürs Auto mitten in Schönau - kostenlos

Mit Ökostrom über die Berge: EWS-Mitarbeiterin Eva Stegen im Twike

Plötzlich gratuliert ihm ein Patient in der Praxis – zur Stromkonzession. Ja, die sei erteilt worden, weiß der Mann. Im Radio, in den Morgennachrichten des *Südwestfunks* sei es gekommen, ganz sicher. Am Nachmittag bekommt Sladek die Information dann offiziell bestätigt.

Damit ist die letzte Hürde überwunden, es kann losgehen. Die Stromrebellen sind, wie Schokoladenfabrikant Alfred Ritter sagt, „aus Versehen zum Unternehmer geworden".

Neues Design eines Klassikers

Eine Überweisung von 5.683.458 Mark

Der Streit um den Kaufpreis geht nun in die letzte und entscheidende Runde. Den geforderten Nettobetrag von exakt 5.683.458 Mark bezahlen die EWS am 1. Juli 1997 an die KWR – wie geplant unter Vorbehalt. Anwalt Peter Becker hat einen entsprechenden § 8 im Kaufvertrag formuliert, mit dem die EWS sich das Recht vorbehalten, den Kaufpreis gerichtlich überprüfen zu lassen.

Mit drei angestellten Mitarbeitern starten die EWS. Sieben Fernsehteams tummeln sich an diesem Dienstag in Schönau, sieben Mal muss Martin Halm das EWS-Schild am Firmengebäude in der Neustadtstraße anschrauben – und sechs Mal wieder ab. Die KWR übergeben zugleich die Schlüssel zu den Trafostationen.

Tags zuvor war in Schönau für einen Moment der Strom ausgefallen. Ein kleiner technischer Defekt, so etwas kann passieren. Für die EWS war es ein großes Glück, dass der Vorfall nicht einen Tag später passierte: „Einen Stromausfall am ersten Tag, das hätte unseren Ruf auf Jahre hinaus ruiniert", sagt Halm, „selbst, wenn wir keine Schuld gehabt hätten".

„Wenn Unternehmen und Betriebe, die nicht Energieversorgungsunternehmen sind, die Versorgung anderer mit Energie aufnehmen, so bedürfen sie hierzu der Genehmigung des Reichswirtschaftsministers."
§ 5 Energiewirtschaftsgesetz in der im Jahr 1997 gültigen Fassung

In den nächsten Tagen dreht Martin Halm zu Fuß immer noch eine Runde mehr durchs Städtchen, wenn er etwas zu erledigen hat. Präsenz zu zeigen, ist wichtig in einer solchen Situation in einer Landgemeinde. Wer nicht im Stadtbild zu sehen ist, gehört nicht dazu. Halm kennt die Seele der Menschen im Stätdchen.

Ein paar Dinge ändern sich sehr schnell mit dem Übergang der Stromversorgung. Für Blockheizkraftwerke (BHKW) gibt es fortan 14 statt nur 7 Pfennig je eingespeister Kilowattstunde, Solarstrom wird mit 25 statt 17 Pfennig vergütet. Es ist ein kleiner Anfang. „Eine höhere Vergütung für BHKW-Strom wäre unrentabel" hatte KWR-Justiziar Manfred Gollin einst gesagt. Aber die EWS rechnen offenbar anders. Auch die monatliche Grundgebühr für die Stromkunden wird reduziert, dafür der Kilowattstundenpreis etwas erhöht. Das macht Stromsparen attraktiver. Und doch müssen auch die EWS merken, dass manche Radikalforderung der frühen Rebellentage in der Praxis kaum haltbar ist: Ganz abschaffen lässt sich der monatliche Grundpreis unter betriebswirtschaftlichen Gesichtspunkten nicht; die Zählermiete muss irgendwo in der Preisgestaltung auftauchen.

Regelmäßiger Treffpunkt der Stromrebellen

Walter Karle ist der Erste, der auf die attraktiven BHKW-Konditionen der EWS reagiert. Auch er wurde durch Tschernobyl geprägt: Sein Sohn war im April 1986 ein Jahr alt, seine Tochter drei Jahre – da machte er sich naturgemäß seine Gedanken. Karle war damals und ist heute Naturkoch im Hotel Vier Löwen in Schönau, er hat viel Salat auf der Speisekarte und eine Leidenschaft für frische Pilze aus der Region. „Der Salat wurde umgepflügt, die Pilze waren erst recht vergiftet“, erinnert er sich. Das hat ihn sensibilisiert.

1998 vollzieht er seine persönliche Energiewende – mit zwei Blockheizkraftwerken im Keller. Sein Hotel mit Schwimmbad braucht stetig Wärme, also lohnt sich für ihn das Kleinkraftwerk im Haus. „Es ist die günstigste Variante“, sagt er, „Wirtschaftlichkeit und Ökobilanz stimmen überein“. So verkörpert Karle in den Zeitungen heute oft ein Stück der Schönauer Idee: Der Hotelier und Koch zwischen zwei Heizaggregaten ist für die Fotografen der Welt immer ein schönes Motiv.

Klage auf Rückzahlung – die EWS ziehen vor Gericht

Die Millionen sind nun überwiesen, das Netz gehört den EWS, oder vielmehr den Bürgern der Netzkauf. Da bleibt die Frage: Wie geht es weiter mit den überzahlten Millionen? Fünf Jahre haben die EWS laut Kaufvertrag Zeit, einen Teil des Geldes zurückzufordern. Eine solche Klage braucht Zeit, und so reicht der Freiburger Anwalt Heinz Niederhausen sie am 2. November 1998 unter dem Aktenzeichen 12 O 25/99 beim Landgericht Freiburg ein.

Juristisch ist die Klage etwas verzwickt, denn sie hat zwei Säulen. Im Hauptantrag fordern die EWS, den sogenannten „Sachzeitwert zum

„Wir sind davon überzeugt, dass der von uns geforderte Preis einer reellen Bewertung entspricht und sind demgemäß auch zuversichtlich für den anstehenden Prozess.“
KWR am 2. Juli 1997

Von Schülern gestaltet: Umspannstation in Schönau

Ein Contractor für die lokale Energiewende

Die Kraft-Wärme-Schönau (KWS) installiert und betreibt Blockheizkraftwerke

Eine alltägliche Situation: In einem Wohnhaus oder einem Unternehmen steht die Entscheidung über die Energieversorgung an. Die Investoren wissen zwar, dass Kraft-Wärme-Kopplung die Technik der Wahl ist, denn sie ist energieeffizient und kostengünstig. Und dennoch scheuen sie davor zurück. Sei es, weil sie keine Erfahrung mit dieser Technik haben und lieber auf Bekanntes setzen. Sei es, weil die höheren Investitionskosten sie abschrecken, selbst wenn sie sich langfristig amortisieren.

Eine Gute Idee alleine setzt sich eben nicht automatisch durch. Sie braucht mitunter eine entsprechende Struktur – und eine solche soll die Kraft-Wärme-Schönau (KWS) sein. Sie wurde im Jahr 1997 gegründet, um „Bürgern und Unternehmen, die sich für die Nutzung von Photovoltaik- und Kraft-Wärme-Kopplungsanlagen (KWK) interessierten, mit kluger Planung, kompetenter Dienstleistung und solider Finanzierung zur Seite zu stehen“ – so steht es in ihrem Firmenprospekt. Und man könnte noch hinzufügen: Die KWS wurde gegründet, um die Lücke zu schließen, die sich mit der Verselbständigung und dem Wegzug der Gedea aus Schönau aufgetan hatte. Denn ursprünglich war bereits die Gedea im Herbst 1990 für diesen Zweck ins Leben gerufen worden.

Nun also kam 1997 die KWS. Auch sie ist ein typisches Bürgerunternehmen, finanziert von stillen Gesellschaftern. Und immer, wenn von den Schönauer Energieinitiativen die Rede ist, zählt die KWS dazu.

22 Blockheizkraftwerke, eine Holzhackschnitzelfeuerung und drei Photovoltaikanlagen hat das Bürgerunternehmen seither installiert. „Wir sind die kleinste Contracting-Firma der Welt“, sagt Geschäftsführer Jörg Probst, der hauptberuflich Geschäftsführer der Gertec in Essen ist, einem Ingeneurbüro für Enegietechnik. Contracting heißt: Die KWS mietet sich den Standort des Kraftwerks langfristig und verkauft die Wärme anschließend an den Abnehmer. Den Strom verkauft sie wahlweise an den Kunden im Hause oder an den örtlichen Energieversorger. Mit dem Betrieb und der Wartung der Anlage hat der Kunde dann nichts zu tun, er bezieht lediglich die Energie.

Wärmelieferung durch den Contractor: Gastronom Walter Karle (Hotel Vier Löwen) und sein Blockheizkraftwerk

Das Spektrum an Möglichkeiten der Vertragsgestaltung ist bei solchen Modellen vielfältig. Es gibt Finanzierungs-, Mietkauf- und reine Dienstleistungsmodelle. Und die finden ihren Markt: Die Blockheizkraftwerke der KWS stehen zum Beispiel im Wohnpark Schönau, im Hotel Vier Löwen, im Gasthof Tanne in der Nachbargemeinde Tunau und im Schönauer Wohngebiet Lachen. So hat das Unternehmen in Schönau und den Nachbarorten nach eigenen Angaben „die höchste Dichte von kleinen KWK-Anlagen in Bürgerhand“ geschaffen.

Bunte Technik, grüner Strom: EWS-Mitarbeiter Frank Ziegler im eigenen Kraftwerk

„Die Zukunft der Welt kann nur gesichert werden in kleinen, fehlerfreundlichen Gemeinschaften. Das ist ein ganz entscheidender Punkt für Ihre Arbeit in Schönau."
Carl Amery

Wiederbeschaffungswert" als Bewertungsgrundlage zu verwerfen, und stattdessen den „tarifkalkulatorischen Restwert" anzuerkennen. Dieser bemisst sich daran, in welchem Maße die Netze bereits abgeschrieben und durch die Stromzahlungen der Kunden bereits refinanziert sind. Manche Juristen halten diesen Wert für ein abenteuerliches Konstrukt. Im Zusatzantrag geht es außerdem darum, für den Fall, dass das Gericht den Sachzeitwert als korrekten Maßstab bestätigen sollte, dessen Höhe zu überprüfen.

Der erste Verhandlungstag ist der 7. Juni 1999. Und er ist zugleich der letzte. Man einigt sich auf einen gemeinsamen Gutachter, einen so genannten Obergutachter. Es ist die Wirtschaftsprüfungsgesellschaft Dr. Röhricht - Dr. Schillen OHG in Bielefeld. Diese soll nun den beiden Wertgutachten von EWS einerseits und KWR andererseits noch ein drittes hinzufügen. Eine Art Synthese. Und es gilt fast schon als ausgemacht, dass das Gericht diesem Gutachten in seiner Rechtsprechung folgen wird.

Das dauert. Die EWS lernen zwischenzeitlich, auf eigenen Füßen zu stehen. Es sind Jahre der behördlichen Kontrolle. Das Gewerbeaufsichtsamt kommt vorbei, und die Eichbehörde gleich zweimal binnen zwei Jahren. Auch das Hauptzollamt, das die Stromsteuer abwickelt, prüft alsbald die Bücher der Rebellen-Firma. „Wir hatten betriebliche Prüfungen, die ich aus Bruchsal nicht kannte", erinnert sich Halm.

Im Juli 2001 scheidet Karl-Heinz Schilling von den Stadtwerken Waldshut-Tiengen aus den EWS aus, ein Jahr später endet auch der auf fünf Jahre festgelegte Betriebsführungsvertrag. Die EWS sind nun auf sich alleine gestellt.

Beleuchtet mit Ökostrom: Schönau bei Nacht

Der Prozess um die Millionen geht unterdessen seinen Gang. Das Gutachten des Obergutachters kommt, und dessen Tenor ist aus EWS-

Sicht hocherfreulich, wenngleich nicht wirklich überraschend. Der Gutachter kalkuliert den Wert des Netzes auf 3,5 Millionen Mark und liegt damit sogar noch 400.000 Mark unter dem Betrag, den der EWS-Gutachter 1994 errechnet hatte. Bezahlt hatten die EWS jedoch rund 5,7 Millionen.

Als das Gericht signalisiert, dem gemeinsamen Gutachten folgen zu wollen, beenden die Parteien den Prozess im schriftlichen Verfahren am 13. Juli 2005 mit einem Vergleich: Der Rechtsnachfolger der KWR, die zum EnBW-Konzern gehörende EnergieDienst AG, willigt der Rückzahlung des Millionenbetrags ein.

Es ist ein Riesenerfolg für die Schönauer Stromrebellen: Nach einem fast sieben Jahre andauernden Rechtsstreit bekommen sie nun gut 2,3 Millionen Mark – fast 1,2 Millionen Euro – zuzüglich Zinsen erstattet. Der Großteil des Geldes fließt zurück in die Stiftung Neue Energie und steht fortan wieder für deren Stiftungszwecke zur Verfügung. Die Zinsen unterdessen kommen der Umweltstiftung Schönau zugute, die damit ihr Stiftungskapital auf 300.000 Euro glatt verdoppelt.

Doch nicht allein finanziell, auch symbolisch ist der Abschluss des Prozesses für die EWS ein wichtiger Markstein – die Aufbauphase des Unternehmens ist damit abgeschlossen.

20-kV-Mittelspannungsnetz in Schönau 1971

Die Kraft des Südens

Im liberalisierten Strommarkt profitieren die Stromrebellen von ihrer Geschichte

Er hat tiefsinnigen Humor. Alfred Ritter sitzt in seinem Büro in der Nähe von Karlsruhe und spricht vom „einzig denkbaren solaren Störfall". Der nämlich steht in Kürze bevor: Am Mittag des 11. August 1999 wird sich in Teilen Süddeutschlands die Sonne komplett verfinstern. Dann wird der Mond sich vor die Sonne schieben und die Solaranlagen der Region kurzzeitig ihrer Energie berauben. Der Störfall wird nicht lange währen, er wird nach zwei Minuten völliger Dunkelheit fast schon wieder vorbei sein. Ritter will damit sagen: So harmlos fällt der Super-GAU der Solarkraft aus.

Wenn das kein Grund zum Feiern ist. Und weil in jenem Sommer der Finsternis zugleich Ritters Solarfirma Paradigma zehn Jahre alt wird, hat der Unternehmer die Geburtstagsfeier symbolträchtig auf den Tag des solaren Störfalls gelegt. Es verspricht, eine ungewöhnliche Party zu werden, denn das Unternehmen liegt in der Kernzone des Naturschauspiels.

Alfred Ritter hat viel mit den Schönauer Stromrebellen gemein – nicht zuletzt auch dieses: Die Katastrophe von Tschernobyl stand auch bei ihm am Anfang seiner Solaraktivitäten. Für das Schönauer Engagement hatte er daher viel Sympathie und zu den Stromrebellen bald auch gute Kontakte. Und so ist am Tag der Sonnenfinsternis auch Michael Sladek am Firmensitz von Paradigma in Karlsbad zu Gast.

Solarer Störfall: Sonnenfinsternis am 11. August 1999

Mittags kurz nach halbeins wird es dunkel in Nordbaden an diesem Mittwoch im August. Michael Sladek geht aufs Podium, gratuliert Ritter zu seinem Firmenjubiläum. Und dann sagt er den entscheidenden Satz: „Ab heute verkaufen wir unseren Strom bundesweit." Rebellenkraft für alle - sozusagen. Applaus im Raum. Ritter ist beeindruckt, unterschreibt auf einem Blatt Papier, blanko. Die Solarfirma Paradigma wird der erste EWS-Kunde außerhalb Schönaus.

Schon seit Mitte 1998 konnten Stromkunden zwar die Schönauer Aktivitäten fördern, richtig Kunde werden konnten sie jedoch noch nicht. Bislang ging das so: Der Verbraucher blieb Kunde bei seinem bisherigen Lieferanten und schloss einen Zusatzvertrag mit den EWS ab. Die bekamen dann einen Aufschlag pro Kilowattstunde, den sie in neue Ökokraftwerke investierten. Die reine Lehre vom neuen Strommarkt war das zwar nicht, aber in den Anfängen der Liberalisierung war dieser Weg häufig der einzig gangbare. „Beistellung" heißt dieses Verfahren.

Im Sommer 1999 hat es ausgedient. Der Rebellenstrom kann in die ganze Republik fließen, und er bekommt alsbald einen Produktnamen: „Watt Ihr Spart". Das klingt zwar hausbacken, aber irgendwie ist dieser Name auch wieder typisch für die EWS; man ist eben kein Konzern, der sich teure Kunstnamen von Werbeagenturen kreieren lässt.

„Die Arbeit in Schönau war immer von Übermut geprägt, und das ist bis heute so."
Jörg Probst, Aufsichtsrat der EWS, 2008

○ Siegerbild zum Deutschen Gründerpreis 2007: Ehepaar Sladek

Warum grün günstiger sein kann als gelb

Ökostromanbieter kaufen zwar teureren Strom ein, wirtschaften aber häufig sparsamer

Der Spot mit dem Slogan „Mix it, Baby“, war im Jahr 2001 auf allen Fernsehkanälen präsent. Hollywood-Schauspieler Arnold Schwarzenegger trat an, um für Strom von Eon zu werben. „Mix it“ war konzipiert als der ultimative Marketing-Gag im noch jungen Strommarkt: Kunden sollten individuell über die Zusammensetzung ihres Strommixes aus dem Hause Eon entscheiden.

22,5 Millionen Euro gingen für die Kampagne drauf, doch die kam „schlechter an, als selbst Pessimisten bei Eon befürchtet hatten“, bilanzierte bald der *Spiegel*. Denn gerade einmal 1100 Kunden ließen sich von dem Werbegeklingel so sehr beeindrucken, dass sie hernach den Eon-Strom kauften. So kostete jeder Neukunde rund 20.000 Euro. „Bei einer Gewinnmarge von etwa drei Prozent und einer durchschnittlichen Stromrechnung von 44 Euro pro Monat müsste Eon die neuen Power-Mix-Kunden mehr als 1291 Jahre lang mit Strom beliefern, nur um die Werbekosten wieder einzufahren“, rechnete süffisant der *Spiegel* vor.

Millionen verbraten: Anzeige von Eon

Und das war kein Einzelfall, wenngleich wohl der spektakulärste Flop. Auch andere Stromanbieter verbrannten viel Geld mit ihrer Werbung: Der Energiekonzern RWE scheiterte im jungen Strommarkt mit seinem Produkt Avanza. Die EnBW-Tochter Yello hielt zwar mit riesigen Anlaufverlusten durch, doch für die Werbung – etwa den tanzenden gelben Frosch, der Jahre lang in der ARD das Tagesthemen-Wetter ankündigte – musste am Ende natürlich der Yello-Kunde aufkommen.

Folglich war Yello bald kein Billigstromer mehr. In Schönau bezahlten EWS-Kunden mit einem Jahresverbrauch von 3000 Kilowattstunden im Jahr 2008 rund 683 Euro für ihren Strom, Yello-Kunden hingegen fast 25 Euro mehr. Einer der Gründe sind die geringeren Werbeausgaben, die für alle reinen Ökostromer typisch sind.

Ein weiterer Vorteil gegenüber alteingesessenen Versorgern resultiert aus den unterschiedlichen Firmenstrukturen. „Ökostromer saßen noch nie auf dem Ruhekissen einer Monopolstellung“, heißt es beim Bundesverband Neuer Energieanbieter. Und deswegen könnten sie den etwas höheren Einkaufspreis des sauberen Stroms über eine effizientere Unternehmensführung mitunter mehr als ausgleichen.

„Die Anbieter von Ökostrom haben oft eine ziemlich gute Kostenstruktur im Vertrieb“, weiß man auch beim Bundesverband der Verbraucherzentralen in Berlin. Und so vermutet man dort, dass die Ökostromer sich in Zukunft im Vergleich zu den „Egalstromern“ eher noch günstiger entwickeln dürften.

In der Regel peilen die Altmonopolisten auch höhere Gewinnmargen an als die Umweltfirmen. Sowohl die Stadtwerke (deren kommunale Besitzer maximale Erträge sehen wollen), wie auch die Konzerne (denen die Aktionäre im Rücken sitzen), brauchen hohe Renditen. Die Ökostromer sind da bescheidener. Schwarze Zahlen müssen zwar auch sie schreiben, doch am Ende sind sie vor allem eines: politische Unternehmen.

Als Michael Sladek nun in Karlsbad auf dem Podium steht und die Neuigkeit verkündet, ist er sich selbst nicht ganz sicher, ob der bundesweite Verkauf tatsächlich so einfach funktionieren wird. Zwar ist der Strommarkt seit April 1998 liberalisiert, gleichwohl kommt der Wettbewerb nicht in Schwung. Denn die Altmonopolisten blockieren die neuen Anbieter, wo immer sie es können. Eine Aufsichtsbehörde für den Strommarkt gibt es nicht, die hat FDP-Wirtschaftsminister Günter Rexrodt erfolgreich verhindert. Neue Anbieter, die ihr Recht wollen, müssen klagen. Doch die Gerichte brauchen lange.

Windkraftanlage im Wendland

Trotz aller Schwierigkeiten: Die Entscheidung der EWS für einen bundesweiten Stromvertrieb war nicht mehr aufzuschieben. Aus zwei Gründen. Zum einen waren mit der Marktöffnung Abtrünnige im heimischen Netz zu befürchten. Was wäre, wenn alle einstigen Gegner des Netzkaufs plötzlich den EWS den Rücken kehren sollten? Der mögliche Kundenverlust vor Ort musste durch Kundenzuwachs andernorts unbedingt kompensiert werden.

Der zweite Grund war die schlichte Nachfrage von Ferne her. Ein Anrufer aus Hamburg hatte sich in den Wochen zuvor bereits in Schönau gemeldet: „Ich finde das gut, was ihr macht, und möchte euren Strom kaufen“, hatte er gesagt. Spätestens damit war für die Stromrebellen klar: Die EWS müssen sich dem bundesweiten Markt öffnen. Geschäftsführer Rolf Wetzel sagt: „Die Kunden haben uns getrieben.“

Entsorgung des Atommülls ist ungeklärt

Gegen die Lehrsätze der Ökonomie

Nach gängiger Lehre ist der Versuch der EWS, mit den großen Konzernen im Stromhandel zu konkurrieren, natürlich reichlich vermessen. Denn zwei Regeln gelten im jungen Strommarkt als unumstößlich. Erstens: Nur wer groß ist, überlebt. Und zweitens: Am Anfang des Erfolgs steht ein angemessener Werbeetat.

In einem solchen Wettbewerb hätten die EWS eigentlich keine Chance haben dürfen. Denn ein großes Unternehmen sind sie nicht, und Geld für Werbung haben sie auch nicht. Die EWS sind nach gängigen Lehrsätzen der Ökonomie ein typischer Übernahmekandidat: arbeitsintensiv, teuer, ineffizient.

Aber die Theorie kann irren. Die EWS agieren am Markt plötzlich erfolgreicher als viele Anbieter, die Millionen in Farbanzeigen, Fernsehspots und Plakate stecken. Den EWS gelingt, was sich jeder Stromversorger im Marktkampf wünscht: Sie halten ihre Kunden im heimischen Gebiet und gewinnen neue Kunden außerhalb hinzu. Ende 1999 versorgen die EWS schon 2345 Kunden – 567 mehr als im Jahr zuvor. Sogar drei gewerbliche Kunden haben bis Jahresende auf Rebellenstrom umgestellt. So erweist sich der jahrelange Kampf gegen die Atomkraft als Wettbewerbsvorteil. Während viele Versorger sich nachsagen lassen müssen, ihre Stromangebote seien nur ökologische Feigenblätter, nimmt man den Schönauern ihr Engagement für die gute Sache jederzeit ab.

Im Wasserkraftwerk Augst-Wyhlen am Hochrhein

Illegal montierte Module

Solaranlage als „Schöpfungsfenster"

Gleichwohl steht die bundesweite Kundenakquise zu dieser Zeit noch nicht so sehr im Vordergrund. Wichtiger sind noch immer die Aktivitäten im Ort. Zum Beispiel auf der evangelischen Bergkirche.

Ein Blick zurück: Frühjahr 1996, der zweite Bürgerentscheid ist gerade wenige Wochen vorbei. Die Sladeks sind mit ihrem Hund unterwegs und kommen an der Kirche vorbei. Pfarrer Peter Hasenbrink ist draußen beschäftigt, man spricht miteinander. Ursula Sladek blickt auf das Kirchendach, der Pfarrer auch. „Denkst Du gerade das gleiche wie ich?" fragt die Spaziergängerin den Gemeindepfarrer. Und schon ist die Idee geboren, das Kirchendach mit Solarmodulen zu belegen. Die ganze Gemeinde soll die Möglichkeit bekommen, sich zu beteiligen. Ein schönes Gemeinschaftsprojekt ist damit geboren.

Und wieder eines, dessen Schwierigkeiten sich erst später zeigen. Die Kirche wurde 1927 gebaut. Nie hatte sie bislang im Verdacht gestanden, ein besonderes Baudenkmal zu sein. Doch als plötzlich Solarmodule aufs Dach montiert werden sollen, wird sie schnell zu einem solchen deklariert, und das Denkmalamt in Lörrach lehnt die Photovoltaikanlage ab. Was nun?

„Mit der Entscheidung, eine Solaranlage auf dem Dach der Schönauer Bergkirche zu ermöglichen, hat der Denkmalschutz bewiesen, dass er keine rückwärts gewandte Einrichtung ist, sondern dass er vielmehr der Zukunft zugewandt ist."
Wirtschaftsministerium Baden-Württemberg in einem Schreiben vom 21. Mai 1999

In solcher Situation kann manchmal ein wenig Musik helfen. Es ist Frühsommer 1998, die Region feiert 150 Jahre Badische Revolution. Pfarrer Peter Hasenbrink und Michael Sladek sind zu einer Veranstaltung des Männergesangvereins im Nachbarort Wieden eingeladen. Es werden Lieder gesungen von Georg Herwegh, dem sozialistisch-revolutionären Dichter von damals. „An diesem Abend haben wir beide unsere kleine Revolution beschlossen", wird Hasenbrink später sagen.

Dienstfahrrad der EWS

„Weltverbesserung sofort und hausgemacht"

Ulla Gahn über ihre Stromwechselpartys und die Schönauer Rebellenstory

Ulla Gahn hat Stromwechselpartys populär gemacht. Die gelernte Tontechnikerin stammt aus Bayern („geboren an einem autofreien Sonntag 1973"), und wohnt heute in Leipzig, wo sie ihre erste Party im eigenen Wohnzimmer veranstaltete. Als sich daraufhin die Anfragen häuften, folgten öffentliche Partys; zur größten kamen im Sommer 2007 in München 300 Zuhörer. Gahn erhielt im Jahr 2007 den Deutschen Klimaschutzpreis und gründete mit Freunden den Verein „Weltverbesserung-sofort-und-hausgemacht".

Eine Stromwechselparty, ist das die Neuauflage der legendären Tupperparty mit anderem Produkt?

Gahn: Weit gefehlt, die Partys sind völlig unkommerziell. Unser bis zu 30 Helfer starkes Team arbeitet allein für die Sache. Wir nehmen keine Provision von den Stromanbietern, und wir verlangen von den Besuchern keinen Eintritt. Uns treibt allein das Ziel, immer mehr Menschen zu bewegen, Strom ohne Atomenergie zu kaufen.

Dann erzählen Sie mal, wie eine solche Party abläuft.

Gahn: Zuerst erkläre ich, wie das funktioniert mit dem Ökostrom. Es folgt ein Experten-Interview, und danach präsentieren sich die Ökostromversorger an ihren Ständen, während mein Team die Besucher am Preisrechner unterstützt.

Und wer kommt zu diesen Partys?

Gahn: Alle Bevölkerungsgruppen. Rentner, junge Leute, Grüne und Schwarze, Gutverdiener und Arbeitslose.

Nach welchen Kriterien wählen die Kunden ihren Versorger?

Gahn: Der Preis ist für viele wichtig. Oft gibt aber auch die persönliche Vorliebe für eines der Unternehmen und dessen Geschichte den Ausschlag.

Was kennzeichnet den typischen EWS-Kunden?

Gahn: Wir erkennen nicht, dass bestimmte Kundengruppen zu bestimmten Anbietern tendieren. Trotzdem hat jeder Ökostromer natürlich seinen speziellen Trumpf, und das ist bei den Schönauern ihre Geschichte – die Rebellenstory gefällt den Menschen total.

Womit erklären Sie sich den Zulauf zu den Partys? Die Strompreise findet man im Internet, Wechselformulare auch.

Gahn: Die Menschen sind verunsichert durch einen versauten Markt. Bei vielen etablierten Versorgern herrscht Intransparenz und Kundenverarschung, und das spüren die Menschen. Deswegen wollen sie ihren neuen Anbieter kennen lernen, ehe sie wechseln. Das persönliche Gespräch mit den Mitarbeitern der Firma ist den Kunden unheimlich wichtig.

Wie viele Menschen haben durch Ihre Partys schon gewechselt?

Gahn: Schwer zu sagen. Aber von den Anbietern hören wir, dass oft noch Monate später in den betreffenden Städten überdurchschnittlich viele Kunden wechseln. Das liegt auch daran, dass die Teilnehmer der Partys Multiplikatoren sind. Deswegen sage ich allen: Erzählt überall rum, dass ihr gewechselt habt, behaltet das nicht für euch!

Auch das Rathaus liegt der Sonne nahe.

Und die sieht so aus: Am 28. Juni 1998 ziehen 200 Schönauer mit Trommeln und Pferdekutschen zur evangelischen Bergkirche hinauf. Der Schönauer Fanfarenzug ist dabei, gekleidet in Revoluzzertracht von 1848. Und der Wiedener Männergesangverein rückt an mit Sensen und Äxten wie vor 150 Jahren die badischen Freischärler; einige von ihnen haben sich tagelang nicht rasiert, um authentisch zu wirken.

Bürgermeister Bernhard Seger bleibt am Parkhotel Sonne stehen, dort, wo am 18. April 1848 der badische Revolutionär Friedrich Hecker auf der Terrasse gesprochen hatte, unterwegs von Konstanz nach Karlsruhe mit 1000 Leuten, um die badische Residenzstadt einzunehmen. Er hatte freiheitliche Rechte im Sinn. Doch Hecker scheiterte seinerzeit nicht weit entfernt von Schönau, und Seger sagt: „Ich hoffe, dass der heutige Protest in Schönau mehr Aktivität bewirkt als vor 150 Jahren."

Dann werden in bester Revoluzzermanier die ersten neun Solarmodule aufs Kirchendach geschraubt. Ungenehmigt! Ein Kilowatt zusammen. Es ist ein Akt des zivilen Ungehorsams, den Pfarrer Hasenbrink später als „prophetische Vorwegnahme der Genehmigung" bezeichnen wird.

Am selben Nachmittag noch, kurz vor vier, trifft Peter Reinelt ein, der ehemalige sozialdemokratische Staatssekretär aus dem Stuttgarter Umweltministerium. Er überbringt die Nachricht: Das Denkmalamt werde die Genehmigung erteilen. Vor allem Hasenbrink ist erleichtert. Später wird er sagen: „Wenn die Sache schief gegangen wäre, hätte ich meinen Job verloren."

Protest in Rebellentracht: Zug zur Bergkiche

Stromverkauf fürs ganze Land: Verwaltungsgebäude der EWS

„Im Nachhinein war es für den Ort bestimmt besser, dass er so knapp gewesen ist für die andere Seite, denn es hat sich gezeigt, dass das, was Netzkauf und EWS hier bewegt haben, für die Gemeinde als positiv bewertet werden kann."
Heinz-Rudolf Hagenacker, einstiger Netzkauf-Gegner, 2008

Ein neues Ökogesetz finanziert die Kirchenorgel

Dann wird Geld gesammelt für die Anlage, 51 Kilowatt soll sie leisten. Mit einem Pappmodell der Bergkirche fährt Pfarrer Hasenbrink nach Karlsruhe, wo er seinem Oberkirchenrat das Projekt vorstellen möchte. Die Menschen im Zug haben an dem Bauwerk ihre Freude, manche lästern: Der Herr Pfarrer mit seinem Kirchenmodell. Doch nicht als Anschauungsobjekt ist das Bauwerk gedacht, viel mehr als Tastobjekt. Denn einer der Herren im Kirchenrat ist blind.

Als Hasenbrink in Karlsruhe angekommt, sind die Kirchenoberen sehr angetan von seiner Idee. Ein sinnvoller Einsatz für den kirchlichen Umweltfonds sei das Projekt, finden sie und versprechen kurzerhand eine Mark Zuschuss für jede Mark, die als Spende eingeht. Schnell hat die Aktion in Schönau ihr – freilich inoffizielles – Motto: „Zieht der Kirche das Geld sinnvoll aus der Tasche." Und Hasenbrink prägt für die Anlage den Namen „Schöpfungsfenster".

Auf dem Dach der evangelischen Bergkirche und dem angrenzenden Gemeindehaus werden die Module installiert. 791.000 Mark kostet das Projekt. Die Anlage auf der Kirche wird zur Hälfte aus Spenden finanziert, zur anderen Hälfte vom Kirchenrat. Auch das Erzbischöfliche Ordinariat in Freiburg spendet 2000 Mark – im Sinne der Ökumene, wie es heißt. Die Anlage auf dem Gemeindehaus wird unterdessen durch den Verkauf von Anteilen finanziert. Auch einstige Netzkaufgegner beteiligen sich daran – alte Gräben im Ort beginnen sich zu schließen.

Ein Jahr später, am 13. Juni 1999 wird die Solaranlage eingeweiht. Wieder fährt eine Kutsche den Berg hinauf. Diesmal ist auch noch ein Fässchen 1998er Gutedel aus Müllheim dabei. Dumm nur: Die Einweihung der Anlage misslingt. Das Betttuch, das die Module bis zur Feier

Solarorgel in der Schönauer Bergkirche

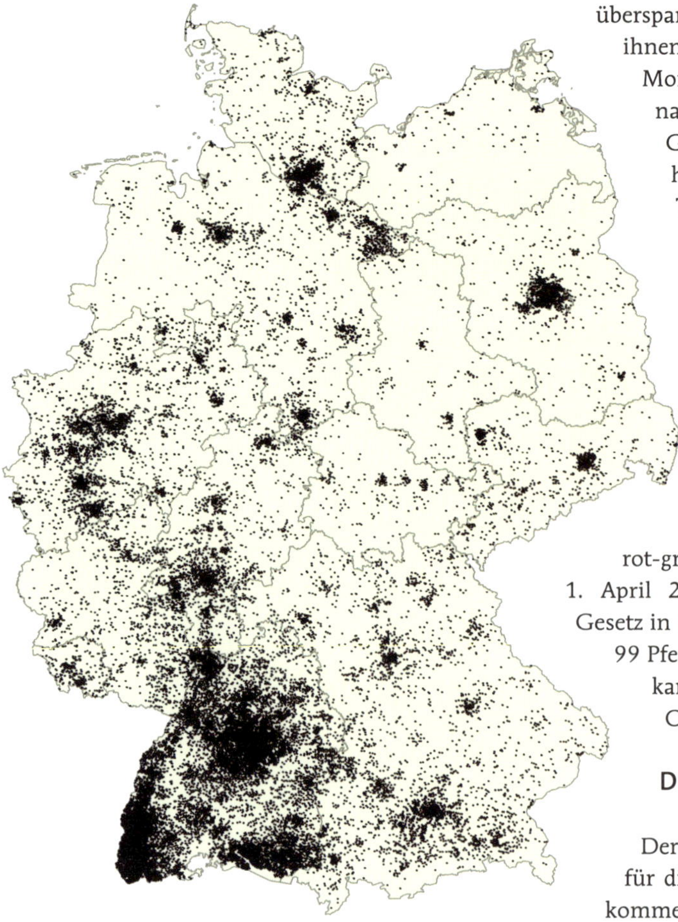

überspannt, hat sich bei Wind und Wetter mit ihnen verklebt. Zum Glück geht in diesem Moment ein Gewitterschauer über Schönau nieder – so kann man den wahren Grund für die Absage der offiziellen Enthüllung elegant kaschieren. Erst in den Tagen darauf kann das Laken mühevoll entfernt werden.

Mit einer attraktiven Rendite durch den erzeugten Solarstrom kann indes niemand rechnen. Die Einspeisevergütung liegt gerade bei 17 Pfennig je Kilowattstunde. Einen Teil des Ertrages bekommt die Kirche, einen Teil bekommen die Zeichner der Anteile.

Dann aber macht sich die erste rot-grüne Bundesregierung bemerkbar: Zum 1. April 2000 tritt das Erneuerbare-Energien-Gesetz in Kraft, die Einspeisevergütung steigt auf 99 Pfennig je Kilowattstunde. Und die Kirche kann sich von dem Geld bald eine neue Orgel leisten.

Die Expansion schreitet voran

Der Zulauf an Kunden entwickelt sich für die EWS unterdessen stabil, rund 5000 kommen alljährlich hinzu. Im Jahr 2004 überschreitet der Stromabsatz die Marke von 100 Millionen Kilowattstunden, denn nicht nur Privatkunden wechseln zu den EWS, sondern auch Firmen. Den Strom beziehen die EWS unter anderem aus kommunalen, norwegischen Wasserkraftanlagen und natürlich aus den „Rebellenkraftwerken". Anonymer Strom von der Börse ist tabu, ebenso Strom von Firmen, die mit der Atomwirtschaft verflochten sind. So würden „Geldströme umgelenkt", sagt man in Schönau gerne.

Im Südwesten besonders stark: Verteilung der EWS-Kunden 2007

Zum fünfjährigen Jubiläum der Elektrizitätswerke im Sommer 2002 erfahren die Kunden in einem Rundschreiben eine zweite Bedeutung des Kürzels EWS: „ein wenig Schokolade". Quadratisch, praktisch, gut, liegt jedem Brief eine Minitafel bei. Anlass dafür ist nicht alleine das kleine Firmenjubiläum. Anlass ist auch ein neuer Großkunde. Eben jene Schokoladenfabrik aus dem schwäbischen Waldenbuch produziert ihre Tafeln fortan mit Schönauer „Rebellenkraft". Die Konditionen seien attraktiv gewesen, sagt der Firmenchef.

Umspannstation mit Schülerkunst

Bald erfordert die stetige Expansion der EWS neue Geschäftsräume. Die Firma kauft das Gebäude einer ehemaligen Bürstenfabrik an der

Friedrichstrasse am nordöstlichen Ortseingang der Stadt und zieht dort im Mai 2004 ein. Es ist noch auf Zuwachs ausgelegt, und den Platz wird man brauchen. Im Herbst 2008 haben die EWS 31 Mitarbeiter.

Aller Professionalisierung zum Trotz ist das Unternehmen noch immer irgendwie Bürgerinitiative geblieben. Man kommt ohne Ehrenamtliche nicht aus, weil man ohne sie nicht auskommen will; das Ehrenamt gehört zur Firmenhistorie wie der Kampf gegen Atomstrom. Die Fähigkeit, einen Wirtschaftsbetrieb mit Angestellten einerseits mit der Arbeit freiwilliger Helfer andererseits zu kombinieren, ist einer der Schönauer Erfolgsfaktoren.

Denn der Stromversorger ist für das dörfliche Sozialleben eine Institution geworden. Senioren treffen sich in den EWS-Räumen zum Kaffeeklatsch und tüten dabei Briefe ein. In der firmeneigenen Kulturhalle finden Kabarett, Lesungen und Musikveranstaltungen statt. Auch Kabarettist Dieter Hildebrandt war schon da. So hat der Atomausstieg in Schönau auch immer eine soziale Komponente. Der Politikwissenschaftler Patrick Graichen beschrieb es mal so: „Die Mitarbeit in den Energieinitiativen war die einzige Möglichkeit in Schönau, sich jenseits der traditionellen Vereinsstrukturen zu organisieren."

Botschafter der Schönauer Lebensart

„Beharrlichkeit und kluges Marketing"

Längst ist die Schönauer Erfolgsgeschichte auch mit diversen Auszeichnungen gewürdigt worden. 1996 wird Michael Sladek von der Umweltstiftung WWF Deutschland und dem Wirtschaftsmagazin Capital zum „Ökomanager des Jahres" gekürt, im Jahr 2003 bekommen Ursula und Michael Sladek zusammen den Europäischen Solarpreis. 2004 schließ-

„Das ist für uns immer noch ein Phänomen. Vielleicht liegt es daran, dass wir so naiv und unbekümmert dran gegangen sind und uns gar nicht ausgemalt haben, was wir vor hatten. Andere Initiativen, die nicht so weit gekommen sind, waren vielleicht einfach zu realistisch."
Ursula Sladek im Sommer 2007

Symbol der Ehrenamtlichen in EWS-Diensten: Susi Zäh

www.atomausstieg-selber-machen. de

Ökostrom-Label sind längst nicht alles , es kommt vor allem auf die Firmenstrukturen an

Welcher Anbieter liefert nun wirklichen Ökostrom? Die Vielfalt der Stromlabel verwirrt viele Kunden mehr, als dass sie eine Entscheidungshilfe bietet. Da gibt es zum Beispiel das ok-Power-Label, das der Ökostromer Lichtblick trägt, das aber auch Anbieter wie Vattenfall, die EnBW-Tochter NaturEnergie und Stadtwerke nutzen. Daneben gibt es den Grüner Strom Label e.V. (GSL), und es gibt diverse TÜV-Zer-

fikate. Ursache für die verwirrende und damit wenig kundenfreundliche Labelvielfalt ist ein Glaubenskampf in der Branche über die Frage, wie genau Ökostrom am sinnvollsten zu definieren sei.

Aus diesem Grund haben sich die Ökostromlabel auch nie als zugkräftige Marketingargumente durchsetzen können. Ökostromkunden nämlich – zumindest jene, für die nicht alleine der Preis zählt – schauen erfahrungsgemäß viel mehr auf die Art des Unternehmens, als dass sie sich um die Label kümmern. Mancher Anbieter hält sie sogar für schädlich: Die EWS lehnen die Label ok-Power und GSL ab, weil sie ihnen nicht streng genug sind – die Schönauer wollen kein Label zu nutzen, mit dem zugleich auch Töchter von Atomstromern werben.

Die beste Hilfe im Dschungel der Ökostromanbieter gibt übrigens der Deutsche Naturschutzring (DNR), der Dachverband der deutschen Natur- und Umweltschutzverbände: Auf der Internetseite www.atomausstieg-selber-machen.de sind die aus Sicht der Umweltverbände besten Ökostromanbieter dargestellt, jeweils mit einer kurzen Erklärung zur Firma und ihrer Historie. Vier Unternehmen sind dort aufgeführt: Naturstrom, Lichtblick, Greenpeace Energy und die Elektrizitätswerke Schönau.

Bei der Auflistung haben die Umweltverbände übrigens keinen besonderen Wert auf die Stromlabel gelegt. An erster Stelle der Kriterien steht bei ihnen etwas ganz anderes: „Es besteht keinerlei eigentumsrechtliche Verflechtung mit einem Stromkonzern, der Atom- oder Kohlekraftwerke betreibt oder mit Strom aus diesen Quellen handelt.“

Erkundungsbergwerk Salzstock Gorleben: Protest gegen die Atomgefahren fängt bei der Wahl des Stromversorgers an.

Riskiert mit ungenehmigter Solaranlage seinen Job: Pfarrer Peter Hasenbrink

„Die Stromrebellen aus dem Schwarzwaldstädtchen Schönau ziehen leicht anarchistisch gesinnte Freiberufler an, polyglotte Besserverdiener wenden sich an Greenpeace Energy. Und Lichtblick lockt umweltbewusste Schnäppchenjäger."
Die Zeit, 19. Juni 2008

lich erhalten die beiden stellvertretend für die gesamten Schönauer Energieinitiativen das Bundesverdienstkreuz.

Weitere Auszeichnungen folgen. Im Herbst 2006 erhalten die EWS für ihr „vorbildliches gesellschaftliches Engagement" den „Preis der Arbeit". Mit diesem werden Unternehmen gewürdigt, die ökologische und soziale Verantwortung übernehmen, „statt diese nur wie eine öffentlichkeitswirksame Monstranz vor sich her zu tragen", wie es Schirmherrin Gesine Schwan formuliert. Die größte Ehrung jedoch folgt im Sommer 2007: Die EWS erhalten den Deutschen Gründerpreis. Das ist die wohl bedeutendste Auszeichnung für Unternehmer in Deutschland, vergeben alljährlich vom Magazin *Stern*, den Sparkassen, dem *ZDF* und der Firma Porsche mit Unterstützung des Bundeswirtschaftsministeriums.

In Berlin nimmt das Ehepaar Sladek den Preis entgegen. Die beiden hätten, so die Jury, „aus einer Bürgerinitiative ein ökonomisch erfolgreiches Unternehmen aufgebaut", dessen Erfolgsrezept „Beharrlichkeit und kluges Marketing" sei. Lob gibt es auch für „die Vision, die gesamte Energieversorgung ökologisch auszurichten und auf dezentrale, sparsame und lokal verankerte Strukturen umzustellen".

Zugleich verkauft sich der Schönauer Strom in allen Teilen der Republik rasant. Das Jahr 2007 wird mit mehr als 23.000 Neukunden zum stärksten Jahr in der Unternehmensgeschichte. Die Nachrichten in den Medien sind es, die viele Verbraucher zum Umstieg bewegen. Da ist die Firma Vattenfall, die mit ernsthaften Störfällen in ihren Atomreaktoren allzu unbekümmert umgeht. Da ist die Debatte um dramatische Klimaszenarien. Und da ist überhaupt das fehlende Vertrauen der Bürger in die etablierte Stromwirtschaft.

Umso größer jedoch ist offenbar die Sympathie für das kleine Bürgerunternehmen aus dem Wiesental: 15 Prozent der EWS-Kunden

Einweihung misslingt: „Schöpfungsfenster"

„Viele Kunden haben ihre Stromverträge mit den EWS vor allem wegen den Sladeks."
Karl-Heinz Schilling, Stadtwerke Waldshut-Tiengen, und EWS-Geschäftsführer in der Startphase

bezahlen freiwillig mehr als den regulären Preis. Der normale Tarif enthält einen „Sonnencent“ von 0,5 Cent je Kilowattstunde, auf Kundenwunsch kann er aufgestockt werden. Mit diesen Einnahmen werden neue „Rebellenkraftwerke“ finanziert. Mittlerweile gibt es 1200 davon: 948 Solaranlagen, 212 Blockheizkraftwerke, Wasserkraft-, Windkraft- und Biogasanlagen. „Der Konsum von heute muss das Leben morgen möglich machen“ sagt Michael Sladek – das ist die Philosophie des Sonnencents.

Der neue Slogan: Anti-Atomstrom

Auch die Wirtschaftszahlen stimmen. Die EWS schließen das Jahr 2007 mit einer Umsatzrendite von 1,6 Prozent ab. Gemessen an den Gewinnmargen der konventionellen Stromwirtschaft ist das wenig, doch das soll genau so sein. Ein Unternehmen von Bürgern für Bürger unterliegt nicht dem Zwang zur Profitmaximierung.

Solide konzipiert muss aber auch eine Bürgerfirma sein, und deswegen hat die EWS inzwischen eine nicht ganz einfache Struktur. Die Netzkauf Schönau GbR ist alleinige Gesellschafterin der EWS Schönau GmbH, einer Holding. Diese besitzt die Elektrizitätswerke Schönau Vertriebs GmbH sowie die Elektrizitätswerke Schönau Netze GmbH. Dieser scheinbar komplizierte Aufbau hat zwei Gründe. Zum einen müssen – gesetzlich festgelegt – Netzbetrieb und Stromverkauf unternehmerisch getrennt werden. Unbundling, also Entflechtung, nennt man das. Zweitens gebietet eine verantwortungsvolle Unternehmensführung eine solche Trennung. Denn im Stromeinkauf und -vertrieb sind Millionensummen im Spiel, was unternehmerische Risiken birgt.

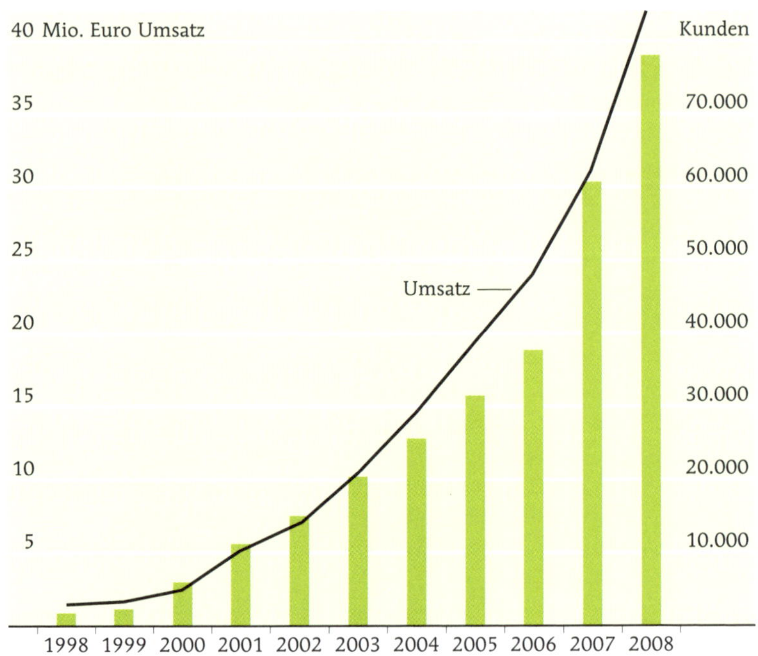

Expansion des Unternehmens
Quelle: EWS

Pragmatiker im Rathaus: Bürgermeister Bernhard Seger

Der Netzbetrieb hingegen ist ein gesetzliches stark reguliertes und daher deutlich risikoärmeres Geschäft. Durch eine Trennung der Geschäftsfelder wird verhindert, dass bei theoretisch denkbaren wirtschaftlichen Problemen in der Vertriebssparte auch das Netz gefährdet ist.

In Schönau ist das reine Vorsichtsmaßnahme. Längst zeigen die Unternehmenserfolge, wie unnötig alle ökonomischen Befürchtungen der Netzkaufgegner waren – wobei man fairerweise erwähnen muss, dass vor der Öffnung des Strommarktes mit einer solchen Expansion der EWS auch niemand rechnen konnte. Dass sie nun so kam, macht natürlich auch dem Stadtkämmerer längst Freude: „Die EWS ist heute eines der umsatzstärksten Unternehmen der Stadt", stellt Bürgermeister Bernhard Seger im Jahr 2008 fest. Auch die Gewerbesteuer liegt heute höher als zu KWR-Zeiten.

So gehen die Dinge in Schönau ihren Gang. Die Elektrizitätswerke investieren viel ins örtliche Stromnetz und können im Frühjahr 2007 die letzte Freileitung abbauen; viele Netzbetreiber in Deutschland sind noch nicht so weit. Auch die Ausfallzeiten der Stromversorgung können sich mit drei Minuten im Jahr 2007 sehen lassen, denn damit liegt Schönau deutlich unter dem Durchschnitt. Eine weitere Sorge der Netzkaufgegner hat sich damit als unberechtigt erwiesen.

Und so sind die Kunden vor Ort mit ihrem Versorger zufrieden. Sie halten ihm sogar die Treue wie nirgendwo sonst: Während mancher Stromanbieter in Deutschland bereits zehn Prozent seiner Kunden verloren hat, liegt die Wechselquote in Schönau unter zwei Prozent. Lediglich 29 Kunden in Ortsnetz werden im Herbst 2008 von einem anderen Anbieter versorgt - wer hätte solche Bindung der Bürger an die EWS erwartet, damals im Jahr 1996, beim Kampf um das Stromnetz?

Auch Freiburg zählt mit beim Atom-Count-Down: Das Holbein-Pferdchen, eine Skulptur in Freiburg, die seit den 1980er-Jahren immer wieder über Nacht von Unbekannten kreativ bemalt wird

Belegschaft der EWS, Sommer 2008

Ökostrom

Wie funktioniert der Markt, und worauf kommt es an?

„20 bis 40 Prozent des Energieverbrauchs der Industrie könnten zu wirtschaftlich vernünftigen Bedingungen bis 2020 eingespart werden."
Bundesumweltministerium, September 2006

Seit dem 29. April 1998 ist der Strommarkt in Deutschland ein anderer – an jenem Tag nämlich trat ein neues Energiewirtschaftsgesetz in Kraft, das allen Stromkunden die freie Wahl ihres Stromversorgers ermöglicht.

Viele Gegner der Atomkraft hatten anfangs die Hoffnung, der Ausstieg aus der Atomenergie und der Einstieg in die Solarwirtschaft werde fortan über die Steckdose gesteuert. Denn in Umfragen lehnt die Mehrheit der Bundesbürger die Atomkraft recht konstant ab. Doch die Zahl der Kunden, die ihren Stromanbieter wechselten, war anfangs enttäuschend niedrig.

Erst einige Jahre nach der Marktöffnung nahm die Wechselbereitschaft deutlich zu, und so sind die Erfolge der Ökostrom-Anbieter heute durchaus bemerkenswert: Mehr als 500.000 Haushalte in Deutschland beziehen ihren Strom inzwischen von den vier unabhängigen Ökostrom-Anbietern Elektrizitätswerke Schönau (EWS), Greenpeace Energy, Lichtblick und Naturstrom. Und täglich werden es mehr – der Markt ist erkennbar in Bewegung geraten.

Neben den reinen Ökostromern bieten jedoch auch die traditionellen Versorger zunehmend Ökostrom-Produkte an – aktuell ist es etwa jeder zweite unter den rund 1000 Stromunternehmen in Deutschland, schätzt der Bundesverband der Energie- und Wasserwirtschaft (BDEW). Rund fünf Prozent der Haushalte in Deutschland haben sich inzwischen für Ökostrom-Produkte entschieden, das sind etwa zwei Millionen Haushalte. Allein 2007 nahm die Zahl um 800.000 zu.

Ende des Jahres 2007 entwickelte die Vermarktung von Ökostrom dann eine ganz neue Dynamik: Unternehmen wie die Stadtwerke Kassel, die Stadtwerke Saarbrücken oder der Freiburger Regionalversorger Badenova boten ihren Kunden plötzlich „Ökostrom" zum Normaltarif an.

So verkündete die Stadt Kassel Ende Oktober 2007, dass sie ab sofort ausschließlich auf erneuerbare Energie setze. Statt Kohle- und Atomkraft bezögen die Verbraucher nun reinen Ökostrom aus skandinavischer Wasserkraft. Kassel sei damit die erste deutsche Großstadt, die komplett auf regenerative Energien umstelle, sagte Stadtwerkechef Andreas Helbig.

Der Regionalversorger Badenova folgte wenig später und kündigte an, seine Haushaltskunden und Kleinbetriebe von Januar 2008 an nur noch mit atomstromfreiem Ökostrom zu beliefern – und dies bei konstanten Preisen.

Ökostrom für alle also? Ein Durchbruch für die Regenerativen und der Abgesang auf die Atomenergie? Wünschenswert wäre das, doch der

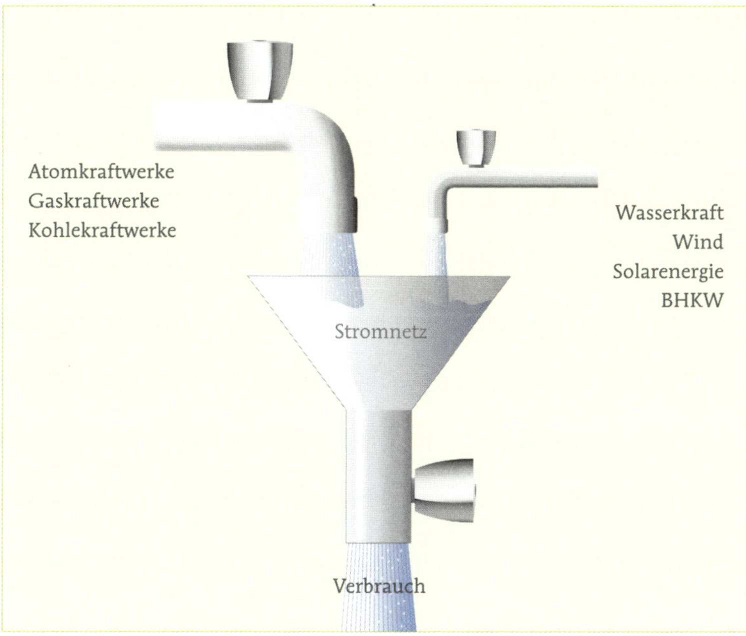

Mehr grüner Strom bedeutet Rückgang der Stromproduktion aus Kohle und anderen fossilen Energiequellen.

Schein trügt. Denn diese Angebote führen nicht zu einer Umweltentlastung. Sie können unterm Strich sogar einen Schaden anrichten. Um das zu analysieren, sind einige grundsätzliche Erläuterungen rund um den Ökostrom nötig.

Kommt wirklich Ökostrom aus meiner Steckdose?

Nein. Es gibt nur einen Strom, und man kann die Stromarten nicht voneinander trennen. Physikalisch gesehen kommt der Strom immer aus dem nächstgelegenen Kraftwerk. Der Stromwechsel geschieht also nicht auf der physikalischen, sondern auf der ökonomischen Ebene: Von welchen Kraftwerken kaufe ich meine Energie, welche Lieferverträge hat der betreffende Stromhändler abgeschlossen? Diese Daten kann der Kunde der Stromkennzeichnung in seiner Jahresrechnung entnehmen, da alle Anbieter verpflichtet sind, ihren Unternehmens-Strommix jährlich auszuweisen. Übrigens auch auf ihrer Internetseite.

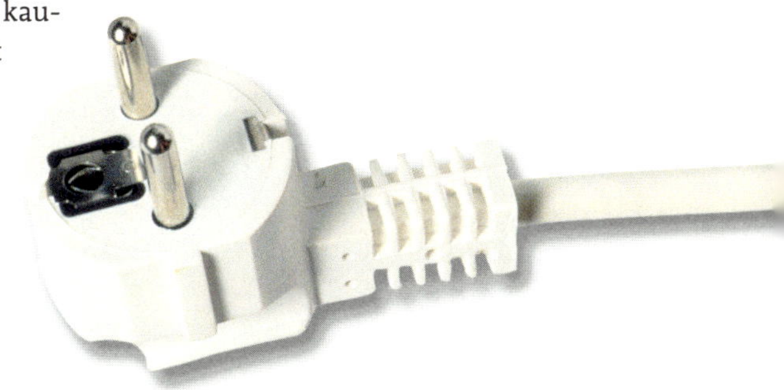

Wird die Umwelt entlastet, wenn ich Ökostrom beziehe?

Kommt ganz darauf an. Entscheidend ist, ob wegen des Stromwechsels tatsächlich zusätzliche Ökostrom-Kraftwerke gebaut werden. Denn die Umwelt wird nur entlastet, wenn konventioneller Strom aus dem Netz verdrängt wird.

Man kann sich die gesamte Stromversorgung vorstellen wie einen Trichter, in den oben Strom aus verschiedenen Kraftwerken hinein fließt. Der Verbraucher entnimmt unten seinen Strom und erhält physikalisch gesehen immer eine „Strommischung". Diese wird sauberer, sobald der Zulauf aus Wasserkraft, Wind und Solarenergie oder aus effizienten Blockheizkraftwerken zunimmt. Im gleichen Umfang muss dann nämlich der Zustrom aus konventionellen Kraftwerken reduziert werden, da in jedem Moment nur soviel Strom erzeugt wird, wie dem Netz zeitgleich entnommen wird.

Wie erkenne ich, ob ein Öko-Angebot hält, was es verspricht?

Betrachten wir den Fall Kassel: Die Stadtwerke beziehen Strom aus skandinavischen Wasserkraftwerken. Dieser Strom wurde auch vor dem Vertragsabschluss zwischen den Stadtwerken Kassel und dem Stromkonzern Vattenfall schon produziert. Nur wurde er bisher an andere Kunden verkauft – als gewöhnlicher Strom, oft auch „Egalstrom" genannt.

Durch den Vertrag der Stadtwerke Kassel mit Vattenfall änderte sich lediglich die Zuschreibung des Stroms auf dem Papier: Die Stadtwerke erhalten seither einen Teil des Wasserkraftstroms, andere Kunden dafür umso mehr Kohlestrom. Der Produzent speist jedoch weiterhin dieselbe Menge Strom ins Netz ein. Somit ist durch den Wechsel der Stadtwerke Kassel die Stromerzeugung nicht sauberer geworden, auch wenn die Stadtwerke dies gerne so darstellen.

Um etwas zu bewirken, muss Ökostrom aus neuen, zusätzlichen Anlagen kommen, oder – und das ist die zweite Variante – der Strombezug muss mit einem Aufpreis verbunden sein, der für den Bau neuer Anlagen verwendet wird. Dann spricht man vom Fondsmodell. Die zusätzlichen Erträge fließen in einen Fonds, aus dem Ökokraftwerke bezuschusst werden, die ansonsten nicht gebaut worden wären. Das ist auch das Prinzip des Schönauer Sonnencents.

Was passiert, wenn Strom aus alter Wasserkraft knapp wird?

Die Stadtwerke Kassel, sowie andere Unternehmen mit ähnlichen Angeboten, verteidigen ihre wirkungslosen Ökostrom-Produkte aus Altanlagen mit dem Argument, dass die damit erhöhte Nachfrage nach Ökostrom ein zusätzliches Angebot an Wasserkraft schaffe. Das ist prinzipiell zwar richtig, doch ein Blick auf die Stromproduktion in Europa zeigt, dass es ein sehr großes Angebot an Wasserkraftstrom gibt. Es würde beim derzeitigen Anwachsen der Ökostrom-Nachfrage noch Jahrzehnte dauern, bis der Wasserkraftstrom knapp und ein Anreiz für einen weiteren Ausbau gegeben sein würde. Darüber hinaus können sogar noch Strommengen aus anderen regenerativen Energiequellen als Ökostrom in den Markt gebracht werden. Kurz: Das Angebot an Strom aus erneuerbaren Energien wird noch lange reichen – ein Ausbau der Erzeugungskapazitäten durch Verknappung am Markt ist somit nicht absehbar.

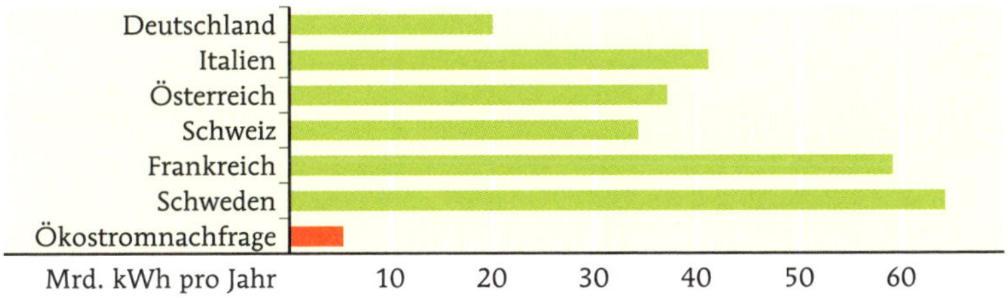

Stromerzeugung in Wasserkraftwerken im Verhältnis zur Ökostromnachfrage in Deutschland (2008, geschätzt)

Welchem Stromlabel kann ich vertrauen?

Der Ökostrom-Markt hat mehrere Label kreiert, die dem Kunden eine bestimmte Qualität des Produktes anzeigen. Allerdings sind auch diese Label von unterschiedlicher Qualität und täuschen die Kunden häufig über Zusammenhänge hinweg.

Wird zum Beispiel mit einem TÜV-Label einem Ökostrom-Produkt garantiert, dass der Verkäufer zu 100 Prozent regenerativen Strom liefert, so fühlt sich ein gutgläubiger Käufer auf der sicheren Seite. In Wirklichkeit aber ist das Produkt womöglich nur eine Mogelpackung: Der Strom wird zwar in regenerativen Anlagen erzeugt, aber er mag aus bestehenden Anlagen kommen. Der Stromwechsel bringt dann keinen Umweltvorteil.

Besser sind das ok-power-Label oder das Grüner-Strom-Label. Doch auch sie haben Schwächen: Wer das ok-Power Label will, muss beispielsweise nachweisen, dass mindestens die Hälfte des verkauften Strom in regenerativen Anlagen erzeugt wird, die nicht älter sind als sechs Jahre. Wird nun zum Beispiel ein neues Wasserkraftwerk in Österreich oder Slowenien oder sonstwo in Europa gebaut, so wird dieser Strom nicht mehr wie üblich an der Strombörse als Egalstrom gehandelt, sondern ein Teil oder die Gesamtmenge kann sechs Jahre lang als Ökostrom vermarktet werden und erzielt somit einen kleinen Aufpreis. Dabei spielt es keine Rolle, ob dieses Kraftwerk ohnehin gebaut worden wäre – was in der Regel der Fall sein dürfte.

Genügt es, ein gutes Ökostrom-Produkt zu wählen?

Manche Stromversorger bieten ein Ökostrom-Produkt an, das seinen Namen verdient. Dennoch kann man diese Produkte nicht immer vorbehaltlos empfehlen – man muss auch das dahinter stehende Unternehmen betrachten.

„Es gibt keine Alternative: Wir müssen Energie effizienter nutzen."
Joachim Würmeling, Staatsekretär im BMWi, November 2006

In der Regel will der Ökostrom-Kunde mit seiner Kaufentscheidung einen Beitrag leisten zugunsten einer ökologischen Energiewende. Deshalb ist es wichtig zu prüfen, in welche Kassen das Geld des Kunden fließt. Kauft man bei einem Versorgungsunternehmen, das in den Neunzigerjahren gegen das Stromeinspeisungsgesetz geklagt hat oder heute noch hartnäckig an der Nutzung der Atomenergie festhält? Kauft man bei einem kommunalen Energieversorger, der immer noch krampfhaft versucht, Blockheizkraftwerke in seinem Versorgungsgebiet zu verhindern? Kauft man bei einem Anbieter, der sein „Ökostrom"-Angebot nur als Imageprojekt sieht und ansonsten weiter auf eine klimaschädliche Absatzstrategie und Geschäftspolitik setzt? Wohl nicht! Deshalb kann die Qualität des Produktes (und dessen möglicherweise vorhandenes Strom-Label) nur einer von mehreren Aspekten bei der Wahl des Lieferanten sein. Ganz entscheidend sollte auch ein Blick auf das Unternehmen sein, das den Strom anbietet.

Das zeigt der Fall Badenova. Das Unternehmen bietet gleich zwei Produkte an, die sich „Regiostrom basis" und „Regiostrom aktiv" nennen. Während von dem Produkt „Regiostrom basis" keine direkte Umweltwirkung zu erwarten ist, weil es lediglich Strommengen verschiebt, ist „Regiostrom aktiv" ein Fondsmodell, bei dem die Mehreinnahmen zur Förderung von regenerativen Anlagen verwendet werden.

Wer jedoch dieses Produkt bezieht, unterstützt den Eon-Konzern: Die Badenova gehört zu etwa 47 Prozent der Thüringer Gasgesellschaft (Thüga), die wiederum eine 100-prozentige Tochter des Eon-Konzerns ist. Von jedem Euro, der als Gewinn in die Kasse von Badenova gespült wird, werden dementsprechend 47 Cents an den größten Stromkonzern weitergeleitet, der im übrigen offensiv für den Ausbau der Atomenergie in Europa wirbt.

Kann Ökostrom der Umwelt womöglich sogar schaden?

Bei schlechten Ökostromangeboten könnte man geneigt sein zu sagen: na gut, der Deal hat zwar nichts gebracht, aber auch nicht geschadet. Leider ist dem nicht so. Denn Schaden ist auf mehreren Ebenen zu befürchten:

- Manch umweltbewusster Stromkunde könnte fortan weniger auf den sparsamen Umgang mit Strom achten – weil er ja Ökostrom bezieht. Doch in Wahrheit wird jede zusätzliche Kilowattstunde, die der Kunde verbraucht, letztlich in einem fossilen Kraftwerk erzeugt, denn der gesamte regenerativ erzeugte Strom fließt ohnehin ins Netz. Zusätzliche

Nachfrage – auch wenn die Stadtwerke einen Ökostromvertrag haben – muss letztlich in einem Kohle- oder Gaskraftwerk erzeugt werden. Umgekehrt muss jede eingesparte Kilowattstunde nicht mehr mittels fossiler Energieträger produziert werden.

- Der vermeintlich vorteilhafte Ökostrom kann zu einer Neubewertung von Technologien führen: Für Ökostrom-Kunden drängt sich der Trugschluss auf, dass eine mit Grünstrom betriebene elektrische Wärmepumpe das ideale Heizsystem sei. Den Kunden nämlich wird suggeriert, dass sie CO_2-freien, sauberen Strom beziehen. Dass sie mit einer Wärmepumpe und trotz „Ökostrom"-Bezug mehr Klimagase verursachen als mit einer Gasheizung, ist ihnen kaum zu vermitteln. Oder wie will ein Energieberater noch einen Kunden zum Umstieg von einem Elektro- auf einen Gasherd motivieren, wenn der Stromversorger angeblich CO_2-freien Ökostrom anbietet? Bei dieser Logik scheint es umweltfreundlicher zu sein, mit Strom zu kochen als mit Gas, was aber nicht der Fall ist.
- In ähnlicher Logik könnte man annehmen, jedes neue eigene Blockheizkraftwerk wäre schlechter als der bezogene Ökostrom. Dem ist natürlich nicht so: Kraft-Wärme-Kopplung liefert in der heutigen Situation der Energiewirtschaft einen wesentlichen Beitrag zur Reduktion der Treibhausgas-Emissionen.

Die Gefahr, dass mit wirkungslosen Ökostrom-Angeboten bestimmte Technologien falsch bewertet werden, und dass die Bedeutung der effizienten Stromnutzung unterschätzt wird, ist folglich erheblich.

Welchen Kriterien muss ein Ökostrom-Angebot nun genügen, um wirklich umwelt- und klimafreundlich zu sein?

1. Es muss einen Umweltnutzen bringen. Das heißt, die Emissionen, die bei der Stromerzeugung entstehen, sollten durch das Produkt reduziert werden. Dies geschieht durch den zusätzlichen Ausbau der Nutzung erneuerbarer Energiequellen.
2. Der Kauf des Produktes sollte nicht zur wirtschaftlichen Stärkung eines Unternehmens führen, das ansonsten die üblichen Ziele der Umsatzsteigerung verfolgt, auf den zentralen Strukturen der Energiewirtschaft beharrt, auf Atomstrom setzt oder sich auch sonst dem Umweltschutz – vor allem im Energiesektor – verweigert.
3. Der Ökostromlieferant sollte gegenüber den Kunden die Bedeutung des Ökostroms ehrlich kommunizieren, keine falschen Angaben zur Umweltwirkung des Produktes machen und den Verbrauchern Informationen und Anreize zum Energie- und Stromsparen geben.

Offshore-Windpark Nysted in Dänemark

Wir schreiben das Jahr 2006 n Chr Ganz Germanien ist von den Stromriesen besetzt Ganz Germanien? Nein! Eine kleine Ansiedlung unbeugsamer Stromrebellen im Schwarzwald leistet den Stromriesen erfolgreich Widerstand
Hambum
Düsseldum
Berlum
Magdebum
Freibum
Schönau
Mum
Eva Stegen

75.000 Kunden, was nun?

Netze kaufen, Gas vertreiben, Stromwirtschaft aufmischen - die Rebellenstory wird fortgeschrieben

Es ist Montag abend, kurz vor Weihnachten 2007. Im Dreisam Ufercafé in Freiburg wird der Presse eine Geschäftsbeziehung der besonderen Art verkündet: Die Volksbank Freiburg lässt ihre Filialen fortan allesamt mit Strom aus Schönau versorgen. Und sie will auch ihre Kunden ab sofort zum Wechsel aufrufen, mit Flyern in den Schalterhallen zum Beispiel. Bankvorstand Heinrich Vomstein spricht an diesem Abend über die genossenschaftliche Struktur von EWS und Volksbank – solche Gemeinsamkeit verbindet. Und er positioniert sich deutlich gegen die Atomkraft, was man in deutschen Bankenkreisen eher selten hört.

Und doch gibt es plötzlich ein noch bemerkenswerteres Thema an diesem ohnehin schon denkwürdigen Abend. Michael Sladek wirft es in die Runde, Ursula Sladek redet gleichermaßen freimütig darüber: Die EWS wären bereit, den Freiburger Energieversorger Badenova von seinen Atom-Verflechtungen zu „befreien". Dazu muss man wissen: Die Eon-Tochter Thüga hält einen Anteil von 47,3 Prozent an der Badenova. „Wenn man uns die Thüga-Anteile anbietet, werden wir zugreifen", sagt Ursula Sladek. Sie hat sichtbar Freude an dem Gedanken.

Und die Zuhörer spüren: Da sind sie wieder, die Stromrebellen mit ihrer ungestümen Art, die Stromwirtschaft aufzumischen. Manchem erscheint der Plan als Phantasterei – schließlich haben die genannten Firmenanteile einen Wert von 400 Millionen Euro. Doch die Sladeks kann das nicht schrecken: „Vor großen Zahlen haben wir keine Angst mehr", sagt Ursula Sladek.

Die Botschaft an diesem Abend ist eindeutig: Sollte sich tatsächlich in Freiburg eine entsprechende Option auftun, würden die EWS ein passendes Finanzierungskonzept mit Bürgerbeteiligung erarbeiten: „Wenn die Stadt Freiburg ihren Stromversorger wieder zu einem Unternehmen der Stadt und ihrer Bürger machen will, sind wir bereit", sagt Michael Sladek. Und der neue Stromkunde dieses Abends, die Volksbank, wäre bei dem Mammutprojekt gewiss ein verlässlicher Partner.

Zugleich stellen die Sladeks jedoch klar, dass natürlich nicht die kleinen EWS selbst die Anteile kaufen wollen. Vielmehr würde eine neue Gesellschaft bei der Badenova einsteigen, die eigens für diesen Zweck gegründet würde. Sie wäre von den EWS völlig unabhängig, würde aber das Konzept der Schönauer Bürgerbewegung fortsetzen. Und im Idealfall wäre sie vor allem von Freiburger Bürgern getragen.

So wird an diesem Abend am Dreisamufer klar, dass die Geschichte der EWS noch lange nicht zu Ende ist. Bereitwillig spricht Michael Sladek die verwegene Idee nochmals ins Mikrofon eines Radiosenders – und damit geht sie in die Welt hinaus, die neue Ungeheuerlichkeit aus Schönau. Wie gesagt: Es geht um 400 Millionen Euro.

Idylle statt Rebellion:
Schönauer Hausbemalung

„EWS ist der Ökostrom-Anbieter, der am klarsten die Verbindung aus der Vergangenheit, der ideologischen, politischen, linken Anti-Atom-Bewegung, mit der postideologischen Zukunft darstellt - einem gesamtgesellschaftlichen Anliegen eines Lebens jenseits der fossilen Energien."
Peter Unfried, Buchautor

Wie einst die Gallier: Werbepostkarte der EWS

EWS-Hochburg Freiburg

Tags darauf geht in Freiburg die Debatte los. „Das ist bislang für uns kein Thema“, sagt schnell ein Sprecher des Rathauses, „wir können die Thüga doch nicht dazu zwingen, ihre Anteile zu verkaufen.“ Doch genau genommen, hört man aus den Worten nur die Hilflosigkeit heraus gegenüber dem so erdrückend scheinenden Liebesbeweis der Schönauer Rebellen.

Einige Gemeinderäte begrüßen den Vorschlag umgehend als „interessante Idee“. Zumal es in Freiburg längst ein offenes Geheimnis ist, dass es in der Kommunalpolitik, und sogar bis in die Badenova hinein, Unterstützer gibt, die eine Rückführung des örtlichen Strom-, Gas- und Wasserversorgers in die Hände von Kommune und Bürgerschaft begrüßen würden.

Und was die Bereitschaft zum Verkauf durch Eon betrifft, wissen nicht nur die EWS gut genug, dass es die im Zweifel gar nicht bräuchte. Denn sollte eine politische Mehrheit den Ausstieg der Eon-Tochter wünschen, könnte die Stadt ihn langfristig durchsetzen – schließlich entscheidet sie ganz alleine im Rahmen des Konzessionsvertrags darüber, wer auf ihrem Terrain Leitungen nutzen darf.

„So ein Stromwechsel ist eine extrem emotionale Angelegenheit. Das klingt vielleicht seltsam, denn Strom ist ja keine sehr sinnliche Sache.“
Ulla Gahn, Buchautorin

Mit dem kühnen Vorstoß in Richtung Freiburg folgen die EWS schlicht ihren Kunden. Denn die Badenova hat zu diesem Zeitpunkt bereits 4800 Stromkunden an die Schönauer verloren. Das sind zwar gerade dreieinhalb Prozent der Freiburger Haushalte. Doch die EWS sind damit in der Hochschulstadt mit Abstand der größte unabhängige Stromanbieter.

Es scheint sich zu bestätigen, was Michael Sladek schon Jahre zuvor gesagt hatte: „Wenn nur zwei bis drei Prozent der Stromkunden zu einem sauberen Lieferanten wechseln, wird das die Stromwirtschaft verändern.“ Denn in der Tat hat kurz vor der frechen Offerte aus Schönau die Badenova bereits auf die Abwanderung der Kunden reagiert: Sie kündigte an, von Januar 2008 an alle Haushalte frei von Atomstrom zu beliefern.

Doch auch Monate später tut man sich in der Freiburger Kommunalpolitik noch schwer, die Schönauer Offerte zur Gründung eines Bürgerunternehmens ernsthaft zu überdenken. So bleibt einstweilen die Hoffnung, dass das Thema bei den Kommunalwahlen 2009 und beim Bürgermeisterwahlkampf 2010 eine Rolle spielen könnte. Klar ist jedenfalls, dass der nächste Schritt bei den Freiburgern liegt.

Solarfassade in Freiburg

Schönau ist längst ein Markenname geworden

Unterdessen versprechen andere Projekte im direkten Umfeld im Wiesental schneller konkret zu werden. Denn in den Jahren 2010 und 2011 laufen die Konzessionsverträge in den Gemeinden des Gemeindeverwaltungsverbandes Schönau aus. Die EWS zeigen sich interessiert, auch dort einzusteigen. Die Kosten für die betreffenden Stromnetze werden zusammen auf 2,5 Millionen Euro geschätzt. Das Geld dürfte bei in-

Der Vattenstörfall

Wie Forsmark, Krümmel und Brunsbüttel ab Sommer 2006 einen Run auf Ökostrom auslösen

Lars-Olov Höglund weiß, wovon er redet. Der Berater der schwedischen Energiebranche war von 1976 bis 1986 Chef der Konstruktionsabteilung des schwedischen Vattenfall-Konzerns – und damit zuständig für das Atomkraftwerk Forsmark. Seine Kompetenz ist folglich unstrittig, als er Anfang August 2006 vor die Presse tritt und von der „gefährlichsten Geschichte seit Harrisburg und Tschernobyl" spricht.

In Forsmark nämlich hatte sich kurz zuvor ein schwerer Störfall ereignet. Der Reaktor 1 des schwedischen Atommeilers war am 25. Juli wegen eines Kurzschlusses mit anschließendem Stromausfall zeitweise außer Kontrolle geraten, nachdem gleich mehrere Sicherheitssysteme versagt hatten. Von „dreiundzwanzig Minuten Blindflug" schreibt daraufhin die *Financial Times Deutschland*. Nur sieben Minuten später wäre die Zerstörung des Reaktors unabwendbar gewesen, mit der Folge einer Kernschmelze. Und das ausgerechnet in Schweden, einem Land, das sich seiner hochentwickelten Technik rühmt. „Es war reiner Zufall, dass es zu keiner Kernschmelze kam", sagt Höglund.

Elf Monate später – es ist der 28. Juni 2007, kurz nach 15 Uhr: Über dem Atomkraftwerk Krümmel bei Hamburg steigt schwarzer Rauch auf. In der Transformatorenhalle neben dem Reaktor ist ein Feuer ausgebrochen. Fast zeitgleich wird der Atommeiler Brunsbüttel nach einem Kurzschluss in der Schaltanlage abrupt heruntergefahren. Da auch diese beiden Kraftwerke von Vattenfall betrieben werden, ist nun ein neues Wort in der Welt: der Vattenstörfall.

Der Konzern wirkt überfordert, die Informationen über die Ereignisse sind dürftig, überall ist von „blamablem Krisenmanagement" die Rede. Und schon kommt die Forderung auf, die Atomaufsicht müsse Vattenfall die Lizenz zum Betrieb von Atommeilern entziehen – denn das Atomgesetz verlangt von Atomfirmen „Zuverlässigkeit".

Der Stromkonzern muss handeln und setzt mehrere deutsche Manager ab. Zugleich steckt er allein im zweiten Halbjahr 2007 mehr als fünf Millionen Euro in Anzeigen und Radiospots für Imagewerbung. Über den Anzeigen steht: „Vattenfall – offen für Ihre Fragen." Und weiter kann man lesen: „Während der Ereignisse in den Kraftwerken Krümmel und Brunsbüttel haben wir Fehler in der Kommunkation gemacht." Wohlgemerkt: Es ist nur von der Kommunikation die Rede.

Der *Spiegel* schreibt von „einer der teuersten kurzfristigen Schmusekampagnen eines Stromriesen". Der Erfolg jedoch ist dürftig: Vattenfall verliert im zweiten Halbjahr 2007 rund 250.000 Kunden. Viele davon gehen zu Ökostromanbietern – für die EWS ist der Juli 2007 mit 3800 Neukunden der stärkste Monat der Firmengeschichte. Längst hat zu diesem Zeitpunkt der „Vattenfall-Effekt" (*Handelsblatt*) auch auf andere Atomkonzerne durchgeschlagen. Und so erkennt die *Financial Times Deutschland* im Oktober 2007: „Wechsel des Stromanbieters wird zur Massenbewegung".

Da hilft auch die Werbekampagne nicht: Störfall treibt Kunden zu Ökostrom (Quelle: Der Spiegel)

teressierten Bürgern ohne Probleme einzuwerben sein, denn der Name Schönau ist längst eine Marke geworden.

Es wären übrigens nicht die ersten Netze außerhalb Schönaus in Händen der EWS. Im Umland nämlich besitzt das Unternehmen bereits zwei sogenannte Arealnetze. Das sind kleine Netze in einzelnen Baugebieten inmitten eines fremden Netzgebietes. In Bamlach, einem Ortsteil von Bad Bellingen im Markgräflerland, hat der Wembacher Architekt Rainer Dietsche neun Wohnungen am Golfplatz errichtet, deren Netz den EWS gehört. Und in der nahegelegenen Gemeinde Wembach wird auch ein Wohngebiet von den EWS im Rahmen der Grundversorgung beliefert. Dietsche ist auch Gesellschafter der Kraft-Wärme-Schönau und hat daher die Projekte eingefädelt.

Windrad im Wendland

Doch die Elektrizitätswerke Schönau interessieren sich inzwischen nicht mehr alleine für Strom. Auch das Gasnetz in Schönau sowie den Nachbargemeinden Wembach und Utzenfeld gilt längst als interessante Option – das Bürgerunternehmen will zu einem breiter aufgestellten Energieanbieter werden. Unternehmerisch dürfte die Diversifizierung, also die Ausdehnung aufs Gasgeschäft, zweifellos attraktiv sein. Doch wo ist die politische Komponente? Schließlich wird sich die Gasqualität durch die Netzübernahme nicht ändern.

„Neue EWS-Kunden sagen häufig: Ich bin jetzt auch Mitglied geworden - das würde bei anderen Stromversorgern niemand sagen.“
Jörg Probst, EWS-Aufsichtsrat

Drei Aspekte sprechen für das Gasnetz. Erstens hat man als breiter aufgestelltes Unternehmen bessere Chancen, weitere Stromnetze zu erwerben; in Umkirch bei Freiburg, so heißt es bei den EWS, habe man den Zuschlag nicht bekommen, weil die Gemeinde Gas- und Stromnetz in einer Hand haben wollte. Und das zweite Argument: Die Zusammenführung von Gas- und Stromnetz unter einem Dach kann neue Angebote in Richtung Kraft-Wärme-Kopplung ermöglichen – und diese Technik lag den Schönauern immer schon am Herzen. Und drittens gilt auch beim Gas: Man möchte Geldströme umlenken.

Darüber hinaus sind es aber natürlich auch rein unternehmerische Ziele, die diesen Schritt nahe legen: Gas als weiteres unternehmerisches Standbein kann helfen, die technische und administrative Betreuung der Netze noch effizienter zu gestalten.

Baustelle desWasserkraftwerks Neu-Rheinfelden

Denn längst sind auch ökonomische Sichtweisen in das Unternehmen eingezogen. Man hat an manchen Stellen gar lernen müssen, dass die Ökonomie in der täglichen Praxis Kompromisse erfordert. Der monatliche Grundpreis für Stromkunden zum Beispiel, in der reinen Lehre der Ökostromer ziemlich verhasst, wurde außerhalb des Schönauer Netzgebiets auf inzwischen 6,90 Euro im Monat erhöht. Das ist zwar noch immer weniger als die meisten anderen Anbieter verlangen, aber die Pläne waren mal andere. Früher einmal sollte es ganz ohne Grundgebühr gehen, weil sie sparsame Haushalte überproportional belastet. Immerhin, im eigenen Netz konnten die EWS den monatlichen Grundpreis mit 3,42 Euro unschlagbar niedrig halten.

Überhaupt – der Alltag. Manche neue Idee musste schon zurückgestellt werden, weil die EWS zugleich ihr eigenes Wachstum managen

Trend zur Rekommunalisierung

Waldkirch, Kaufering, Wolfhagen: Auch andere Kommunen haben ihre Stromnetze zurückgekauft

Für den Rückkauf des örtlichen Stromnetzes kann es viele Gründe geben – die Gewerbesteuer, mehr Bürgernähe bei der Stromversorgung oder auch die Ökologie. Deswegen finden die Gemeinden in Deutschland zunehmend Gefallen daran. „Immer häufiger kommen Leute zu uns, die wissen wollen, wie wir das damals gemacht haben", heißt es inzwischen bei den EWS. Und Wolfgang Zander von der Energieberatungsfirma BET in Aachen beobachtet: „Die Gemeinden sind unzufrieden mit den etablierten Versorgern." Deswegen seien sie bestrebt, durch eine Netzübernahme wieder Einfluss auf ihre Infrastruktur zu gewinnen.

Auch im badischen Waldkirch waren die eigenen Gestaltungsmöglichkeiten ein entscheidendes Argument, als die Stadt das Netz 1999 vom Badenwerk zurück kaufte. Die Gemeinderäte versprachen sich von der Übernahme eine „bislang nicht gekannte Kundennähe" und stimmten daher im Juli 1998 einstimmig dafür. Ein erfolgreiches Projekt: Nach den ersten fünf Jahren bilanzierte die *Badische Zeitung*, dass ohne die Stadtwerke Waldkirch „die Stadt längst über die Schließung kommunaler Einrichtungen hätte nachdenken müssen". Denn das eigene Unternehmen spült seither eine schöne Summe Gewerbesteuer in die Stadtkasse. Fazit der Presse: „Finanziell hat sich der Kraftakt ausgezahlt." Weitere Netzübernahmen, die bundesweit durch die Medien gingen, erfolgten in den späten neunziger Jahren im oberbayerischen Kaufering und in Bocholt im Münsterland.

Auch in Wolfhagen in Nordhessen hat die Stadt inzwischen ihr Stromnetz übernommen. Seither registriert Martin Rühl, Geschäftsführer der Stadtwerke Wolfhagen, großes Interesse aus anderen Gemeinden: „Die Kommunen haben erkannt, dass sie mit den Konzessionsverträgen über ein scharfes Schwert verfügen, mit dem sie sich gegen die Willkür der Energieriesen wehren und ihre Versorgung wenigstens ein Stück weit wieder selbst in die Hand nehmen können."

Allerdings braucht eine Rekommunalisierung der Netze zeitlichen Vorlauf und eine sorgfältige Planung. Vorreiter Rühl sichert daher Unterstützung zu: „Wir lassen andere Kommunen gern an unseren Erfahrungen mit der Netzübernahme teilhaben." Einige Kommunen dürften das Angebot aufgreifen: Allein in Nordhessen laufen bis 2011 in 150 Kommunen die Konzessionsverträge aus. Im Landratsamt in Kassel schätzt man, dass allein in diesem Landkreis bis zu 30 Städte und Gemeinden den Rückkauf ihres Netzes anstreben.

Auch bundesweit werden sich in den nächsten Jahren einige Kommunen um ihr örtliches Netz bemühen. Wie viele von ihnen das Projekt wirklich durchziehen werden, hänge jedoch stark von den Bürgern ab, sagt EWS-Geschäftsführerin Ursula Sladek: „Wichtig ist, dass sich in den Städten eine öffentliche Diskussion um die Konzessionsverträge entwickelt. Das Thema sollten die Bürger nicht einfach dem Gemeinderat überlassen."

Die Übernahme ist für Kommunen attraktiv: Netze bringen Erträge

mussten und weiterhin müssen. Die Abteilung für Stromeinkauf muss ausgebaut werden, jene für Kundenabrechnung ebenso. Das erfordert immer wieder neue Räume, verbesserte Abläufe und Strukturen, neue Software. So gesehen sind die EWS längst ein typischer kleiner Mittelständler mit den typischen Herausforderungen des Alltagsgeschäftes.

Fahne vor dem Firmengebäude

Und doch bleibt natürlich ein kleiner, aber entscheidender Unterschied: Die EWS sind auch im Jahr 2008 noch ein politisches Unternehmen. Statt der örtlichen Honoratioren gehen in den Geschäftsräumen Vertreter der Umweltverbände ein und aus. Wenn in anderen Unternehmen Vorstände über die Verbesserung der Rendite nachdenken, geht es bei den EWS vor allem um Aktionen gegen die Atomwirtschaft. Der Weg dorthin freilich ist noch lang, ihn zu bewältigen braucht es viele Unterstützer.

Und die zu finden, hilft mitunter das Fernsehen. Am 10. Juli 2008 sitzt Ursula Sladek in der Talkshow „Maybrit Illner" im ZDF. Weitere Gäste sind Wirtschaftsminister Michael Glos, der ehemalige Umweltminister Jürgen Trittin, Walter Hohlefelder als oberster Atomlobbyist vom Deutschen Atomforum und Erhard Eppler von der SPD.

Es ist nicht der erste große Fernsehauftritt Ursula Sladeks; im Oktober 2007 erst hatte sie bei „Anne Will", dem Talk-Pendant in der ARD gesessen, unter anderem zusammen mit Eon-Chef Wulf Bernotat. Keine Frage, Ursula Sladek gehört inzwischen zu den prominenten Köpfen der deutschen Stromwirtschaft.

Im ZDF nun singt Glos wieder das alte Lied vom billigen Atomstrom, wie immer, wenn ihm in dieser Zeit ein Mikrofon zu nahe kommt. Ursula Sladek weist darauf hin, dass die EnBW mit mehr als 50 Prozent Atomstrom im Mix ihren Strom kaum billiger verkauft als es die EWS tun.

Genau genommen liegt die Differenz bei nur 0,67 Cent je Kilowattstunde. Weil die EnBW aber zugleich einen höheren monatlichen Grundpreis erhebt, kommen Stromkunden, die weniger als 1760 Kilowattstunden im Jahr verbrauchen, mit Schönauer Ökostrom sogar billiger weg als mit dem nuklearen EnBW-Mix. Die Atomstrom-Mär kann also nicht bestehen an diesem Fernsehabend.

Zweieinhalb Millionen Menschen sehen die Sendung. Einige davon wechseln in den nächsten Tagen zum Schönauer Rebellenstrom. Ursula Sladek unterdessen gesteht ein, dass Auftritte dieser Art eigentlich nicht ihr Ding sind. Doch andererseits weiß sie natürlich, wie wichtig Medienpräsenz ist, um die Schönauer Ideen immer wieder ein kleines Stück voran zu bringen. Und sie weiß auch: Es wird nicht ihr letzter Auftritt im Fernsehen gewesen sein. Nicht, solange allein in Deutschland noch 17 Atommeiler laufen.

Atomkraft auf dem Rückzug

Weltweit wird die Zahl der Atommeiler zurückgehen - aller Renaissance-Rhetorik zum Trotz

Die Bedeutung der Atomkraft für die internationale Energiewirtschaft wird weiter abnehmen. Zu diesem Ergebnis kommt im November 2007 der „World Nuclear Industry Status Report“. Autor Mycle Schneider, unabhängiger Berater für Energie- und Atompolitik in Paris, bilanziert: „Diverse Szenarien, die der Kernenergie einen weltweiten grandiosen Ausbau vorhersagen, entbehren jeder industriellen Grundlage.“

Weltweit waren im Herbst 2007 noch 439 Reaktoren in Betrieb und damit bereits fünf weniger als im Spitzenjahr 2002. Zwar waren zugleich 32 Reaktoren weltweit in Bau, doch auch dies war im Vergleich zu früheren Jahren eine eher geringe Anzahl: Acht Jahre zuvor waren es noch 53 Meiler gewesen.

Trotz der Neubauten wird die Anzahl der Reaktoren weltweit in den kommenden Jahren abnehmen, weil gleichzeitig mehr alte Reaktoren vom Netz gehen werden als neue hinzukommen. Das ergibt sich aus dem Alter der Meiler, das bei durchschnittlich 23 Jahren liegt. Zum Vergleich: Die 117 Atomkraftwerke, die seit Beginn des Atomzeitalters weltweit abgeschaltet wurden, waren im Schnitt nur 22 Jahre alt.

Drastisch ist der Rückzug der Atomkraft vor allem in Europa: Seit dem Höhepunkt im Jahr 1988, als in den Ländern der heutigen EU noch 177 Reaktoren am Netz waren, ist die Zahl um 31 auf aktuell 146 gesunken. Viele der Kraftwerke wurden abgestellt, ohne dass die Öffentlichkeit davon Notiz nahm. Anders beim Neubau: In Finnland, beim ersten Reaktorneubau Europas seit Tschernobyl, wird fast jede erfolgreich fixierte Schraube als Renaissance der Atomkraft gefeiert.

Um die Zahl der Reaktoren weltweit zu halten, rechnet Schneider vor, müssten bis 2015 zu den in Bau befindlichen Anlagen noch 69 weitere hinzu kommen. Und in den darauffolgenden zehn Jahren müssten weitere 192 Blöcke folgen – was völlig unrealistisch ist. Damit stünden die Fakten, bilanziert Schneider, „im krassen Gegenteil zu der allerorts propagierten Renaissance der Atomkraft“.

Zudem ist Uran knapp. Im April 2007 überstieg der Uranpreis erstmals die Marke von 100 Dollar je britischem Pfund (= 454 Gramm). Ende des Jahres 2000 hingegen hatte der Preis auf dem Weltmarkt noch bei sieben Dollar gelegen, denn Uran aus Atomwaffen, das mit dem Ende des Kalten Krieges verfügbar wurde, überschwemmte den Markt.

Jetzt schmelzen die Lagerbestände: Einem Weltjahresbedarf von 68.000 Tonnen steht derzeit eine Förderung von 40.000 Tonnen gegenüber. Eine kurzfristige Steigerung des Abbaus ist nicht möglich, da die bestehenden Minen maximal fördern und neue erst in einigen Jahren verfügbar sein werden. Die deutsche Atomwirtschaft benötigt im Jahr 4000 Tonnen Natururan, also neun Millionen britische Pfund. Aus jedem Pfund Natururan lassen sich 20.000 Kilowattstunden Strom gewinnen.

146 Reaktoren in der EU - es waren mal 177

Der Boom, der als unmöglich galt

Der Siegeszug der erneuerbaren Energien – die deutsche Stromwirtschaft im Jahr 2008

Selten hat sich eine Branche dermaßen lächerlich gemacht. Wir schreiben das Jahr 1993. In großen deutschen Zeitungen erscheinen Anzeigen mit diesem delikaten Satz: „Regenerative Energien wie Sonne, Wasser oder Wind können auch langfristig nicht mehr als 4 Prozent unseres Strombedarfs decken." Unterzeichnet: „Ihre Stromversorger."

Die Strategie heißt Volksverdummung - und sie wird konsequent praktiziert. Joachim Grawe, Hauptgeschäftsführer der Vereinigung Deutscher Elektrizitätswerke, verbreitet im August 1993 ähnliche Zahlen: Ein Ausbau der Stromerzeugung aus erneuerbaren Energien von seinerzeit 20 Milliarden Kilowattstunden auf 25 Milliarden im Jahr 2005 setze „große Anstrengungen" voraus. Grawe liegt damit auf eine Weise daneben, die man vorsätzlich nennen muss. Denn tatsächlich sind es satte 64 Milliarden Kilowattstunden, die im Jahr 2005 regenerativ erzeugt werden.

Deutlich besser mit seinen Prognosen liegt der Bund für Umwelt und Naturschutz. Der nämlich sagt im Jahr 1993 für das Jahr 2005 einen Anteil der erneuerbaren Energien von 10 Prozent und für 2010 von 13 Prozent voraus. „Wunschträume", sagt dazu wiederum Grawe.

Doch selbst die Träume werden mehr als erfüllt. Bereits im Jahr 2007 decken die Erneuerbaren in Deutschland 14,2 Prozent des Strombedarfs. In absoluten Zahlen: 86,7 Milliarden Kilowattstunden.

So gehört es zur Geschichte des Ökostroms, dass selbst Optimisten immer wieder von der Realität überholt wurden. Als Greenpeace im Herbst 1991 ein Energiekonzept für Deutschland vorstellte, schien dessen „Öko-Szenario" geradezu visionär und unerreichbar: Im Jahr 2010, so rechneten die Umweltschützer vor, könnten Windkraftwerke in Deutschland 30 Milliarden Kilowattstunden erzeugen. Doch vier Jahre früher schon wurde die Marke überschritten.

So hinterlässt die Entwicklung der erneuerbaren Energien in Deutschland vor allem eine politische Erkenntnis: Wenn die Rahmenbedingungen stimmen, sind auch ambitionierte Ziele erreichbar.

Stromwirtschaft lästert über Ökostrom: Anzeige von 1993

○ Atomgefahr und sauberer Strom: Am Kraftwerk Unterweser

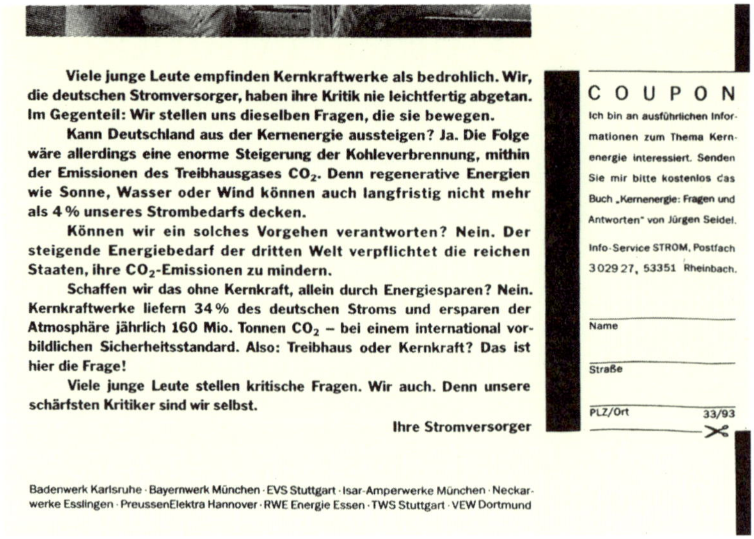

Anzeige der Stromwirtschaft, August 1993

Ökostrommix: Wind an der Spitze

Wind und Atom in Brunsbüttel

Auslöser der Entwicklung des Ökostroms war das Stromeinspeisungsgesetz, das ab 1991 erstmals den Kleinerzeugern verlässliche Einspeisekonditionen garantierte – und damit erstmals die Macht der Konzerne beschnitt. Vor allem der Wind profitierte davon. Im April 2000 folgte das Erneuerbare-Energien-Gesetz (EEG), das mit stärker differenzierten Vergütungssätzen auch die Photovoltaik und die Bioenergie kräftig voran brachte.

Den größten Anteil unter den Erneuerbaren bringt in Deutschland heute der Wind, seit er im Herbst 2003 die Wasserkraft überholte. Im Jahr 2007 trug der Wind 39,5 Milliarden Kilowattstunden zum Strommix bei, das entspricht sechs Prozent des gesamten Stromverbrauchs. Exakt 22.247 Megawatt Windkraft waren Ende 2007 in der Bundesrepublik am Netz, entsprechend 23,6 Prozent der globalen Windkraftleistung. Deutschland hielt damit den einsamen Spitzenplatz in der weltweiten Länderstatistik. Auf den Plätzen zwei und drei folgten die USA mit 16.818 Megawatt und Spanien mit 15.145 Megawatt. Im Wettbewerb der deutschen Bundesländer stand Niedersachsen Mitte 2008 mit 5800 Megawatt vorne, gefolgt von Brandenburg mit 3528 Megawatt. Den höchsten Anteil seines Strombedarfs deckte unterdessen Sachsen-Anhalt mit Windkraft: beachtliche 42 Prozent.

„Klimawandel heizt Ökostrommarkt an - Branche berichtet von Vertragsabschlüssen auf Rekordniveau."
Frankfurter Rundschau, 2. April 2007

In Deutschland ist das Potenzial gleichwohl nicht einmal zur Hälfte ausgeschöpft: 45.000 Megawatt könnten bis 2020 an Land installiert werden, schätzt der Bundesverband Windenergie (BWE) – vor allem der Austausch älterer Rotoren durch neue, leistungsstärkere Maschinen kann noch deutliche Zuwächse bringen. Repowering sagen dazu die Windmüller.

Hinzu kommen die Potenziale auf See. Die Bundesregierung hat das Ziel definiert, im Jahr 2030 Windräder mit 25.000 Megawatt in der Nord- und Ostsee zu installieren. Um das zu ermöglichen, wurde die Einspeisevergütung ab Januar 2009 auf bis zu 15 Cent je Kilowattstunde aufgestockt. In der Nordsee werden 880 Quadratkilometer per Raumordnungsplan für die Windkraft reserviert, in der Ostsee sollen es 130 Quadratkilometer sein.

Windkraft-Kunst im Wendland

Entsprechend umfangreich sind die Planungen: Mitte 2008 waren in deutschen Gewässern 41 Windparks beantragt, 35 Parks in der Nordsee, sechs in der Ostsee. 21 Projekte in der deutschen Nord- und Ostsee waren bereits genehmigt, zwei jedoch aus Naturschutzgründen abgelehnt.

Windtechnik: Immer größer, immer ausgefeilter

Auf nunmehr zwei Jahrzehnte kann die moderne Windkraft zurückblicken. Über Jahre hinweg stand dabei vor allem das Wachstum der Maschinen im Vordergrund. Kleine Anlagen mit Leistungen unter 100 Kilowatt prägten den Markt der späten achtziger Jahre, im Jahr 1992 wurden in Deutschland dann Maschinen mit einer durchschnittlichen Leistung von 180 Kilowatt installiert.

Rasant ging es von nun an aufwärts mit den Leistungsklassen: 1996 überschritt die durchschnittliche Neuanlage erstmals die Marke von 500 Kilowatt, im Jahr 2000 dann sogar die Megawatt-Grenze. Und im Jahr 2007 war die mittlere Leistung eines neuen Rotors bereits bei zwei Megawatt angelangt. Heute kommen die weltgrößten Maschinen auf eine Nennleistung von sechs Megawatt. Bei Nabenhöhen von über 130 Metern und Rotordurchmessern von bis zu 126 Metern gerät die Technik damit jedoch langsam an die Grenzen des Wachstums.

Entsprechend stehen zunehmend andere Ziele im Vordergrund als die schiere Größe. So wird zum Beispiel weiterhin – mitunter intensiver denn je – an den Flügelprofilen gefeilt, die noch lange nicht das physikalische Optimum erreicht haben. Die Firma Enercon in Aurich, Marktführer in Deutschland, brachte als Vorreiter bereits modifizierte Rotorblätter auf den Markt, deren Spitzen abgewinkelt sind. Damit nutzen die Blätter den inneren Teil der Rotorkreisfläche besser aus, indem sie eine gleichmäßige Umströmung auf der ganzen Länge des Blattprofils sicher stellen. Auch sollen die Rotorblätter weniger anfällig sein für Turbulenzen, bei gleichzeitig geringeren Strömungsgeräuschen. Von Mehrerträgen bis zu zwölf Prozent allein durch die neuen Flügel spricht Enercon.

Stromerzeugung aus erneuerbaren Energien in Deutschland
Quelle: BMU

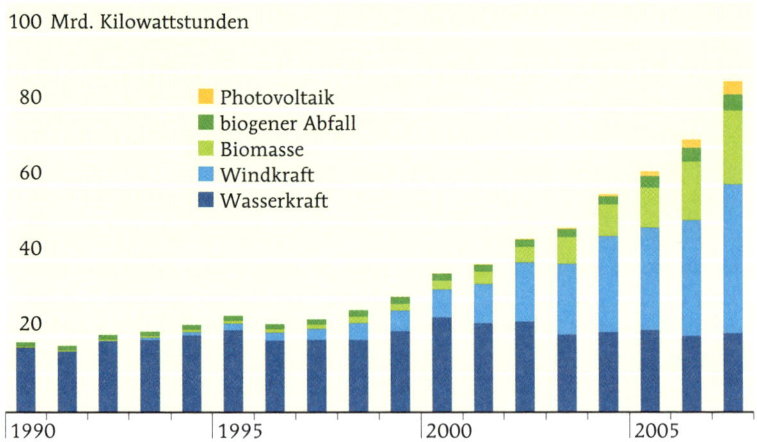

„Keine Energieform harmoniert so wenig mit dem liberalisierten Strommarkt wie die Kernkraft. Das liegt daran, dass niemand glaubwürdig die Kosten berechnen kann, die für den Betrieb der Kraftwerke anfallen."
Financial Times Deutschland, 26. August 2003

Auch die Antriebstechnik wird weiterentwickelt. Neben den klassischen Maschinen mit Getriebe sind seit Jahren auch getriebelose Anlagen auf dem Markt. Bei diesen sind Rotornabe und Generator direkt miteinander verbunden, was Anlagenbetreiber schätzen, weil das Getriebe anfällig für Verschleiß ist.

Generatorenbauer haben unterdessen ebenfalls eine neue Technik entwickelt. Bisher wurde in den Maschinen der Stromfluss immer alleine durch Elektromagneten induziert. Immer häufiger setzen Ingenieure nun auf eine Kombination von rotierenden Permanentmagneten und feststehenden Elektromagneten. Diese permanenterregten Synchrongeneratoren verfügen über bessere Netzeigenschaften, sind um ein Drittel leichter und um ein Viertel kleiner als die Maschinen herkömmlicher Bauart. Auch ist ihr Wirkungsgrad noch einen Hauch besser.

Voraussetzungen für den Bau solcher Hochleistungsmagnete waren neue Materialen auf Basis Seltener Erden wie vor allem Neodym, die erst seit den neunziger Jahren überhaupt gefertigt werden können. Erst damit ließen sich Permanentmagnete herstellen, die nicht nur eine ausreichend hohe Energiedichte mitbringen, sondern auch noch hinlänglich stabil sind gegen Entmagnetisierung.

Die wohl größte Herausforderungen für die Windkrafttechnik ist jedoch der Schritt vom Land aufs Meer. Neue Formen des Fundamentbaus müssen gefunden werden, die Maschinen werden zudem durch aggressive Salzluft angegriffen, und der Wartungsaufwand ist deutlich größer als an Land.

Im Windpark Klettwitz

Beim Fundamentbau hat man in den letzten Jahren große Fortschritte gemacht. Projekte in Wassertiefen bis 40 Meter werden heute realisiert. Man kann entweder ein einfaches Stahlrohr, Monopile genannt, in den Erdboden eintreiben. Für Wassertiefen ab 20 Meter werden zumeist mehrbeinige Konstruktionen – sogenannte Tripod- Quadripod- oder Gitterturmkonstruktionen gewählt. Für Tiefen von weniger als 10 Meter sind indes reine Schwerkraftfundamente möglich.

Besonders kreativ: Im Mai 2007 wurde für einen Offshore-Park in der Ostsee erstmalig in Deutschland der Bau eines schwimmfähigen Fundamentes genehmigt; es kommt ohne lärmende Rammarbeiten während der Bauphase aus.

Solarenergie: Preise runter, Wirkungsgrad rauf

Unterdessen boomt die Solarenergie. Rund 3800 Megawatt Photovoltaik waren in Deutschland Ende 2007 installiert, alleine 1100 Megawatt kamen im Jahr 2007 hinzu. Zwar deckte der Sonnenstrom im Jahr 2007 mit 3,5 Milliarden Kilowattstunden erst 0,6 Prozent des nationalen Verbrauchs, doch das Wachstum ist enorm: Seit 1990 ist die Menge des Solarstroms im deutschen Netz um weit mehr als das Tausendfache gestiegen. Stärker verbreitet als die Solarstromerzeugung ist gleichwohl die Nutzung von Solarwärme – den 430.000 Photovoltaikanlagen auf deutschen Dächern standen Ende 2007 über eine Million Solarkollektoren gegenüber.

Fertigung von Solarmodulen

Technisch hat sich viel getan in der Branche, und so wurden die Solarstromanlagen immer effizienter: Vor 25 Jahren erreichten die meisten Module gerade einen Wirkungsgrad von acht Prozent, heute nähern sich einige Serienmodule bereits der 20-Prozent-Marke. Im Labor werden freilich noch höhere Wirkungsgrade erreicht, wobei der Weltrekord einer Siliziumzelle bei 24,3 Prozent liegt. Doch der Aufwand wird immer größer, je näher man dem theoretischen Maximalwirkungsgrad kommt; der liegt für die klassische Siliziumzelle bei knapp 30 Prozent.

Obwohl bereits zahlreiche alternative Halbleiter zur Solarstromerzeugung eingesetzt werden, gehen die meisten Experten davon aus, dass

„Auf einer in Schönau verfügbaren Dachfläche von 10.000 Quadratmetern könnten 1000 Megawattstunden pro Jahr Elektrizität aus Sonnenlicht erzeugt werden.“
Aus dem Energiekonzept Schönau der Firma Energossa

Solarkraftwerk
Neue Messe Freiburg

mittelfristig weiterhin das Silizium den Markt dominieren wird. Zellen aus Dünnschicht-Silizium werden dabei vermutlich zunehmen. Bei diesen wird das amorphe Silizium auf Glas abgeschieden. Im Wirkungsgrad kommen die Zellen zwar nicht an ihre Pendants aus gesägten kristallinen Siliziumscheiben (Wafern) heran, doch aufgrund ihrer niedrigeren Produktionskosten sind sie gleichwohl attraktiv. Alternativ werden Dünnschichtzellen auch aus Kupfer-Indium-Diselenid (CIS) oder aus Cadmium-Tellurid gefertigt. Außerdem gibt es Zellen aus Kupfer, Indium, Gallium und Selen (CIGS), oder auch aus Kupfer, Indium, Gallium, Sulfid und Selen (CIGSSe).

Solarthermisches Kraftwerk: Parabolspiegel mit Stirling-Motor

Die Forschung arbeitet auch an mikromorphen Solarzellen. Das sind Zellen aus zwei übereinander liegenden hauchdünnen Siliziumschichten aus amorphem und mikrokristallinem Silizium. Man nennt sie auch Tandemzellen. Da die beiden Siliziumstrukturen einen unterschiedlichen Teil des Lichtspektrums absorbieren, erreichen sie gemeinsam eine höhere Ausbeute als die einfachen Silizium-Dünnschichtzellen.

Einen deutlichen Preisrückgang der Siliziumzellen wird in Zukunft möglicherweise auch die Verwendung „schmutzigen" Siliziums bringen. Denn für die Ausbeute der Zellen ist nicht entscheidend, wie viele Metallatome das Silizium verunreinigen, sondern wie sie verteilt sind. Auch Zellen mit einem hohen Gehalt an Fremdatomen können noch eine gute Stromausbeute erzielen, sofern die Störsubstanzen auf wenige Stellen konzentriert werden. Mit der Verwendung „schmutzigen" Siliziums ließe sich auch der Engpass an hochreinem Silizium beseitigen.

Heute liegen die Systempreise der Photovoltaik (also Module samt Wechselrichtern und Installation) bei vier bis fünf Euro je Watt. Realistische Prognosen gehen von einer Halbierung bis 2015 aus, womit der Preis für die erzeugte Kilowattstunde dann auf dem Niveau des Preises von Haushaltsstrom liegen dürfte – von „Grid Parity" spricht in diesem Fall die Branche.

Die absehbare Preisdegression hat im wesentlichen zwei Ursachen: Zum einen ergeben sich sinkende Kosten durch steigende Produktionsmengen, sowohl bei den Zellen, wie auch bei anderen Komponenten wie Wechselrichtern. Zum anderen bringt auch neue Technik sinkende Preise, etwa durch dünnere Wafer, neue elektronische Bauteile im Wechselrichter, oder auch schlicht durch neue Montagesysteme, die Arbeitskosten sparen.

Solarsiedlung in Freiburg

Wasserkraft: Die großen Sprünge sind vorbei

Zwar nimmt auch die Stromerzeugung aus Wasserkraft in Deutschland aktuell leicht zu, doch die Zuwächse sind moderat. Derzeit liegt die Stromerzeugung in den Laufwasser- und Speicherkraftwerken Deutschlands in einem mittelmäßigen Regenjahr bei rund 23 Milliarden Kilowattstunden. Das ist ein Anteil von etwa vier bis fünf Prozent am deutschen Strommix.

Damit ist die Wasserkraft zwar nicht mehr die bedeutendste unter den erneuerbaren Energien, die traditionsreichste ist sie gleichwohl. Schon in den achtziger Jahren des 19. Jahrhunderts wurden in Europa die ersten Wasserkraftwerke gebaut. Ihre Hochphase erlebte die Technik zwischen der Jahrhundertwende und dem Zweitem Weltkrieg, in den 1920er Jahren boomte sie geradezu. Auch der Talsperrenbau in Deutschland erreichte um diese Zeit einen Höhepunkt.

Turbine im Kraftwerk Augst

Noch heute dokumentiert der Bestand an Wasserkraftwerken in Europa die lange Tradition der Branche: Etwa zwei Drittel aller Kleinwasserkraftwerke sind inzwischen älter als 40 Jahre, fast die Hälfte sogar älter als 60 Jahre. Seit Jahrzehnten ist die Wasserkraft technisch weitgehend ausgereift; selbst Anlagen der 20er Jahre sind noch nahezu unverändert in Betrieb. Bei vielen ist die Stromausbeute kaum geringer als bei Neubauten.

„Es ist nicht nur politisch korrekt, für Windenergie zu sein, sondern auch rational."
Die Zeit, 27. September 2007

Zwar lässt sich in Deutschland die Wasserkraft noch aufstocken, doch besonders üppig sind ihre Perspektiven im Vergleich zu den Potenzialen anderer erneuerbarer Energiequellen nicht. So wird der Neubau des Kraftwerks Rheinfelden am Hochrhein auf absehbare Zeit das größte Einzelprojekt bleiben. An dem Standort, flussaufwärts von Basel gelegen, soll ein komplett neues Laufwasserkraftwerk die bestehende historische Anlage ersetzen und damit die jährliche Stromproduktion von 185 Millionen auf 600 Millionen Kilowattstunden erhöhen. Im Sommer 2005 wurde der Neubau beschlossen, im Jahr 2011 soll das Werk in Betrieb gehen.

Die höhere Leistung ergibt sich durch eine gänzlich andere Bauweise. Da man in der Entstehungszeit des historischen Werkes noch nicht inmitten des Stromes bauen konnte, wurde das Kraftwerk damals am

Wasserkraftwerk Augst-Wyhlen am Hochrhein

Ufer des Rheins errichtet. Der Neubau hingegen wird quer zur Fließrichtung im Fluss stehen; er wird dann statt von 600 Kubikmeter Wasser pro Sekunde von 1500 Kubikmeter durchströmt werden. Zugleich wird das maximale Nutzgefälle von sechs auf neun Meter erhöht und so die Leistung von 25,7 auf 100 Megawatt steigen. 380 Millionen Euro investiert die zum EnBW-Konzern gehörende EnergieDienst AG in den Kraftwerksneubau von Rheinfelden.

„Der Solarmarkt steht erst am Anfang einer langanhaltenden Aufschwungphase"
Frankfurter Allgemeine Sonntagszeitung, 6. März 2005

Auch andere der bestehenden 21 Großwasserkraftwerke am Rhein – zwischen 1898 und 1977 in Betrieb genommen – bieten noch Möglichkeiten zur Ertragssteigerung, zum Beispiel durch den Einbau neuer oder gar zusätzlicher Turbinen. Die technisch erzielbaren Mehrerträge in deutschen Großwasserkraftwerken liegen nach übereinstimmenden Schätzungen des Bundesumweltministeriums sowie der Stromwirtschaft in der Jahressumme bei etwa 1,5 Milliarden Kilowattstunden.

Darüber hinaus sind an deutschen Bächen und Flüssen noch zahlreiche kleinere Neubauprojekte denkbar. Doch selbst unter ambitionierten Annahmen ist der Jahresertrag der Wasserkraft in Deutschland nur noch leicht zu steigern – auf etwa 25 Milliarden Kilowattstunden in einem mittleren Niederschlagsjahr.

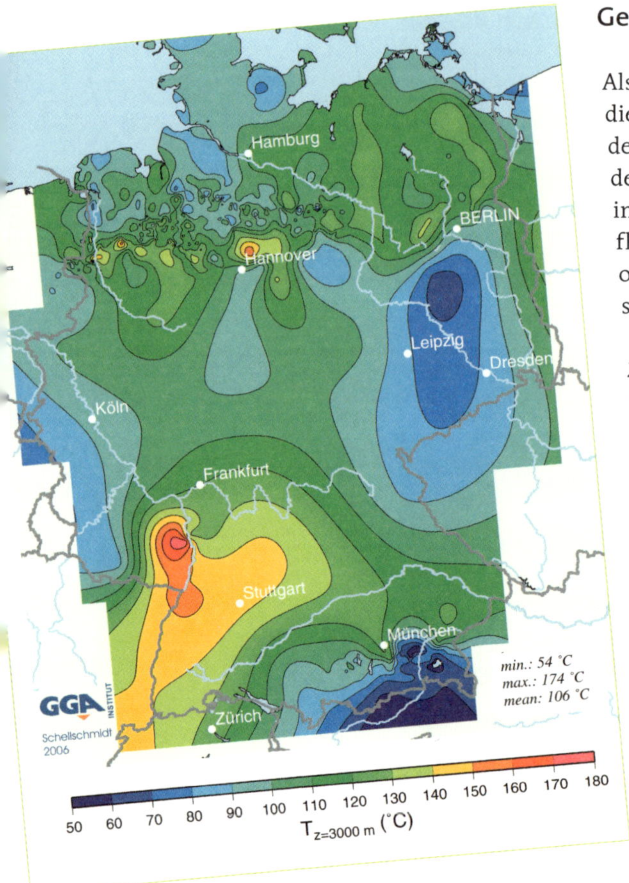

Geothermie: unsicheres Gelände

Als schwieriges Terrain erweist sich unterdessen die Stromerzeugung aus Geothermie, nachdem in den Jahren 2005 bis 2006 zahlreiche Projekte auf der Strecke blieben. Die Geologie ist nämlich nicht immer so berechenbar, wie man es sich wünscht – fließt weniger Wasser im Untergrund als erhofft oder sind die Temperaturen geringer, ist die Wirtschaftlichkeit schnell dahin.

Zwei Projekte immerhin wurden im Jahr 2007 vollendet: Landau in der Pfalz und Unterhaching bei München. Unterhaching bezieht seine Energie aus 120 Grad heißem Tiefenwasser, das in gut 3300 Meter Tiefe fließt. 3,4 Megawatt elektrischer Leistung werden daraus gewonnen. Das Kraftwerk in Landau erreicht 2,5 Megawatt elektrische Leistung, nachdem das in 3000 Meter Tiefe vorgefundene Wasser mit 155 Grad Celsius sogar noch fünf Grad wärmer war als erwartet.

Es sind die ersten beiden großen Projekte in Deutschland. Bis dahin lieferte lediglich eine kleine Anlage im mecklenburgischen Neustadt-Glewe Strom, die bereits 2003 mit 230 Kilowatt ans Netz gegangen war.

Zapfstelle für die Wärme aus der Tiefe: Kraftwerk Landau im Bau

Gemeinsam ist den beiden Projekten Landau und Unterhaching, dass sie recht problemlos vorankamen, und gemeinsam ist ihnen auch das Verfahren: Beide Kraftwerke nutzen die hydrothermale Geothermie, also Wasser aus den Tiefen der Erde. Alternativ dazu gibt es das sogenannte Hot-Dry-Rock-Verfahren, das im Stil eines Durchlauferhitzers das heiße Gestein nutzt. Doch diese Technik bereitet immer wieder Probleme. In Basel wurden im Januar 2007 die Arbeiten an einem Erdwärmekraftwerk für unbestimmte Zeit ausgesetzt, weil sie Erdbeben bis Stärke 3,4 ausgelöst hatten.

„Klimakatastrophe wurde als Wort des Jahres gewählt. Dieser Ausdruck kennzeichnet prägnant die bedrohliche Entwicklung, die der Klimawandel nimmt."
Gesellschaft für deutsche Sprache, Dezember 2007

Die Technik über Tage hingegen ist unproblematisch. Unterhaching nutzt eine Dampfturbine, die mit einem Ammoniak-Wasser-Gemisch läuft. Kalina heißt das Verfahren. In Landau wird ein sogenannter ORC-Prozess eingesetzt, was für „Organic Rankine Cycle" steht. Dieser nutzt ein organisches Medium als Wärmeträger.

Die elektrischen Wirkungsgrade der Anlagen sind vor allem abhängig von der Temperatur der geothermischen Wärme: Im Bereich um 100 Grad Celsius ist in der Praxis eine Ausbeute um zehn Prozent erzielbar, bei 140 Grad sind zwölf Prozent möglich. Die prognostizierten Kosten der Stromerzeugung durch Erdwärme liegen – je nach Größe und Technik der Anlage – zwischen 10 und 25 Cent je Kilowattstunde.

„Die Biogasbranche steht vor einem Boom. Zehn Prozent des Stroms könnten langfristig aus Gülle und Energiepflanzen kommen."
Der Spiegel, 2. August 2004

Dank EEG können auch Erdwärmekraftwerke wirtschaftlich arbeiten – und so werden weitere Anlagen folgen. Das Bundesumweltministerium sprach im Herbst 2007 von rund 150 Projekten, die in Deutschland geplant sind; das Investitionsvolumen werde bei vier Milliarden Euro liegen.

Weltweit sind bereits Geothermiekraftwerke mit zusammen 9000 Megawatt elektrischer Leistung installiert, wobei Italien, die USA, die Philippinen, Indonesien und Mexiko die größten Erzeuger geothermischen Stroms sind – Deutschland steht im Vergleich dazu noch ganz am Anfang. So wird hierzulande – trotz erster Projekte – der Anteil der Erdwärme am gesamten Strommix noch auf Jahre hinaus gering bleiben. 2007 lag er bei 400.000 Kilowattstunden, was in Prozenten kaum darstellbar ist.

Bioenergie: Gebremst durch teure Agrarrohstoffe

Energie vom Acker

Nennenswerte Beiträge zur Stromerzeugung brachte im Jahr 2007 hingegen die Bioenergie. 23,5 Milliarden Kilowattstunden Strom wurden in Deutschland aus Biomasse gewonnen, darunter 6,6 Milliarden aus fester Biomasse (vor allem Holz), fast neun Milliarden aus Biogas und gut eine Milliarde aus Pflanzenöl. Der Anteil der gesamten Biomasse am Strommix lag bei rund vier Prozent.

Vor allem die Verstromung von Biogas nahm deutlich zu – von 2,8 Milliarden Kilowattstunden im Jahr 2005 auf 8,9 Milliarden im Jahr 2007. Ende 2007 waren in Deutschland 3711 Biogasanlagen mit zusammen 1271 Megawatt Leistung am Netz.

Neben dem Strom erzeugen die Anlagen auch etwa die doppelte Leistung an Wärme. Allerdings haben sie häufig das Manko, dass die anfallende Wärme nur unzureichend genutzt werden kann, weil Abnehmer vor Ort fehlen. Aus diesem Grund ist bei der Planung von Großanlagen zunehmend die Einspeisung des aufbereiteten Biogases ins Erdgasnetz ein Thema. Als Biomethan bezeichnet ist es vom fossile Methan kaum zu unterscheiden. Das Biogas kann dann an einem anderen Ort verstromt werden – dort, wo ausreichend Abnehmer für die Wärme zur Verfügung stehen.

„Die Zeichen stehen auf Wende: Ob Weltkonzern oder Mittelständler, internationale Metropole oder Schwarzwalddorf - Verantwortliche in Wirtschaft und Kommune erkennen zunehmend das Potenzial erneuerbarer Energien."
Handelsblatt, 18. Juni 2007

Eine Alternative ist die Verteilung der Wärme über ein Nahwärmenetz. Auf diese Weise decken bereits zwei „Bioenergiedörfer" – Jühnde in Niedersachsen und Mauenheim in Baden – einen Großteil ihres Wärmebedarfs aus heimischer Biomasse. Und sie werden nicht die einzigen bleiben, denn eine ganze Reihe weiterer Gemeinden entwickelt ähnliche Pläne. Doch die rasante Entwicklung der Bioenergie wurde im Jahr 2007 massiv gebremst durch steigende Preise der Agrarrohstoffe. Optimitische Prognosen aus dem Jahr 2006 mussten zurückgezogen werden.

In der Summe werden die erneuerbaren Energien in Deutschland gleichwohl weiter an Bedeutung gewinnen. Die nächste Zielmarke hat die Bundesregierung bereits auf das Jahr 2020 gesetzt: 20 Prozent Anteil am Strommix sollen die Regenerativen dann erreichen. Doch alle Erfahrungen der Vergangenheit deuten darauf hin, dass auch dieses Ziel deutlich früher erreicht werden dürfte.

Zerfressene Landschaft: Braunkohletagebau Schleenhain

Kohle: Kraftwerkspläne für den Papierkorb

So werden die erneuerbaren Energien auch immer mehr Kohlekraft ersetzen. Die Zukunft der Kohle nämlich gilt inzwischen als wenig rosig – binnen eines Jahres hatte sich die Stimmung in der deutschen Energiebranche erheblich gewandelt. Noch im Frühjahr 2007 kursierte eine Liste der Bundesnetzagentur, die einen massiven Zubau von Kohlekraftwerken erwarten ließ: 39 Steinkohle- und sechs Braunkohleanlagen mit einer Gesamtleistung von 44.000 Megawatt waren damals aufgeführt. Doch Anfang 2008 waren die Zahlen längst Geschichte: Das Bundesumweltministerium ging inzwischen nur noch vom Neubau von nicht einmal einem Dutzend Kohlekraftwerken in den nächsten Jahren aus.

Gespeichertes Kohlendioxid: Kunstobjekt in Boxberg

Der Rückzug hatte mehrere Gründe. Zum einen schlugen die Entwicklungen am Rohstoffmarkt durch – Baustoffe wie etwa Stahl waren massiv teurer geworden. Die Stromkonzerne ließen daher lieber alte Kraftwerke länger in Betrieb und verschoben dafür Neubauprojekte. Denn manche geplante Investition war inzwischen schlicht unrentabel: Der Preis der Anlagen war binnen zwei Jahren um 60 Prozent gestiegen.

„Grüne Branche belebt die Wirtschaft - mehr Jobs als in der Kohle- und Atombranche."
VDI-Nachrichten, 13. Dezember 2002

Mitunter war der Anstieg sogar noch stärker. Zum Beispiel in Bielefeld: Die dortigen Stadtwerke rechneten Mitte 2005 für ihr geplantes 100-Megawatt-Kohlekraftwerk noch mit Baukosten von knapp 110 Millionen Euro. Neuere Kalkulationen zwei Jahre später ergaben dann bereits einen Preis von mindestens 210 Millionen Euro – daraufhin wurde das Projekt abgeblasen. In den Preisen spiegelt sich auch die riesige Nachfrage nach Komponenten wider: Branchenkenner berichteten Anfang 2008, dass sich Turbinenbauer bereits die Abgabe von Angeboten teuer bezahlen ließen, weil ihre Fertigungskapazitäten durch den großen Bedarf auf dem Weltmarkt ohnehin erschöpft seien.

„Wenn die Neandertaler Atomkraft gehabt hätten, müssten wir heute noch für deren Müll sorgen.“
Umweltminister Jürgen Trittin, April 2005

Und es gibt weitere Gründe für den stockenden Bau neuer Kohlekraftwerke: In der Energiewirtschaft setzt sich zunehmend die Erkenntnis durch, dass sich Kohle in einem funktionierenden System des Emissionshandels nicht mehr rechnen wird. Und zwar sobald die Emissionsrechte nicht mehr vom Staat verschenkt werden. Nachdem klar wurde, dass die EU in dieser Hinsicht ab 2013 Ernst machen will, wurden einige Neubauprojekte, deren Verträge noch nicht unterzeichnet waren, Ende 2007 auf Eis gelegt. Die Konzerne nämlich hatten erkannt, dass eine Anlage, die 40 Jahre lang laufen soll und pro erzeugter Kilowattstunde Strom bis zu 1140 Gramm Kohlendioxid freisetzt, angesichts einer immer strenger werdenden Klimaschutzpolitik eine hochriskante Investition darstellt.

Hinzu kommt schließlich noch, dass es im dichtbesiedelten Deutschland kaum mehr Standorte für neue Kraftwerke gibt, die von der Bevölkerung akzeptiert werden. An zahlreichen geplanten Standorten haben sich längst Initiativen gebildet, die zum Teil sehr erfolgreich agieren. In der saarländischen Gemeinde Ensdorf zum Beispiel wurde im November 2007 der Plan des Stromkonzerns RWE zum Bau eines 1600-Megawatt-Kohlekraftwerks per Bürgerentscheid verhindert. In Herne stoppte die Evonik-Tochter Steag den Bau eines Kohleblocks, in Bremen trat die swb AG den Rückzug an, und in Köln die RheinEnergie AG. Einige weitere Projekte standen Mitte 2008 auf der Kippe.

Anzeige aus dem Jahr 1992

Atomkraft: Keine Stromlücke durch Ausstieg

Unterdessen bewegt auch der beschlossene Atomausstieg das Land im Jahr 2008. Das Wort „Stromlücke“ kam auf, doch der Atomausstieg wird in den nächsten Jahren definitiv keine solche im Land hinterlassen. Das belegen die Zahlen aus dem Jahr 2007, als durch Stillstand mehrerer Atomkraftwerke 26 Milliarden Kilowattstunden weniger an Atomstrom erzeugt wurden als im Jahr zuvor. Trotzdem konnte Deutschland noch immer einen Exportüberschuss von beachtlichen 19 Milliarden Kilowattstunden erzielen. Von Knappheit also keine Spur.

Wolfram König, Präsident des Bundesamtes für Strahlenschutz, stellte daher im Februar 2008 fest, es habe sich „im Jahr 2007 so viel Erzeugungskapazität als verzichtbar erwiesen, wie durch den Atomausstieg bis 2012 wegfallen wird". Und das sind immerhin sechs Reaktoren.

Die Zahlen sind deutlich: Der Meiler Biblis A erzeugte im Jahr 2007 nicht eine einzige Kilowattstunde Strom, Biblis B erreichte lediglich ein Zehntel seiner Vorjahresmenge. Brunsbüttel und Krümmel erzeugten nur jeweils rund die Hälfte ihrer üblichen Strommenge, und auch Neckarwestheim 1 blieb deutlich hinter seinen Kapazitäten zurück. Im August 2007 zum Beispiel erzeugten fünf deutsche Atommeiler nicht eine einzige Kilowattstunde Strom, ohne dass es zu Engpässen kam.

In der Summe wurden im Jahr 2007 in den deutschen Atommeilern nur 133 Milliarden Kilowattstunden erzeugt, gegenüber 159 Milliarden im Jahr zuvor. (Die Zahlen beziehen sich auf die Nettoerzeugung, das ist die Bruttoerzeugung abzüglich des Eigenverbrauchs der Reaktoren.) Damit lag der Anteil der Nuklearenergie am deutschen Strommix im Jahr 2007 bei gerade noch 22 Prozent – so niedrig wie seit Mitte der achtziger Jahre nicht mehr.

Die oft von der Atomwirtschaft gestreuten Ängste, Deutschland werde sich mit dem Atomausstieg zum Stromimporteur wandeln, haben sich damit als offenkundig abwegig erwiesen. Denn seit 2002 liegt der deutsche Stromexport alljährlich deutlich über den Importmengen. Und trotz der bereits abgeschalteten Meiler Stade und Obrigheim erreichte Deutschland in den Jahren 2006 und 2007 den höchsten Stromexportüberschuss seiner Geschichte. Und 2008 dürfte er erneut höher liegen: Im ersten Halbjahr lag der Überschuss bereits bei 14,4 Milliarden Kilowattstunden.

Kraftwerk Schwarze Pumpe

„Kernenergie gehört ins Technikmuseum."
Hermann Scheer, Präsident von Eurosolar

„Atomstrom erscheint nur sauber, weil der Schmutz und mit ihm die Gefahren für unsere Kinder und zukünftigen Generationen im Boden vergraben werden."
Bundesumweltminister Sigmar Gabriel, Juli 2007

Vorbei mit dem Klimakiller: Sprengung der Kühltürme des Kraftwerks Boxberg

Energiedienstleister statt nur Versorger

Die Zukunft der Stromwirtschaft

Das Jahr 2007 brachte viel Dynamik in den Markt: Steigende Strompreise und ein zunehmendes Umweltbewusstsein der Kunden verhalfen allen Ökostrom-Anbietern in Deutschland zu einem kräftigen Wachstum. Die Kundenzahl der EWS zum Beispiel stieg binnen eines Jahres um 61 Prozent.

Diese Entwicklung macht deutlich, dass die ökologische Qualität des Stroms für viele Kunden zu einem wichtigen Kriterium bei der Wahl des Stromversorgers geworden ist. Auch die Stromkonzerne haben das natürlich erkannt; nach jahrelangen Abwehrkämpfen gegen Ökostrom beginnen sie nun, entsprechende Projekte voranzutreiben und dies vor allem auch offensiv in die Öffentlichkeit zu tragen. Gleich mehrere Milliarden Euro wollen die „big four“ (Eon, RWE, EnBW und Vattenfall) in neue Windkraftwerke, Solar- und Biomasseanlagen stecken.

„Wenn wir alle unsere Stand-by-Geräte in Deutschland abschalten, dann können wir zwei Atomkraftwerke abschalten“.
Sigmar Gabriel, Bundesumweltminister, Januar 2006

Dies überrascht freilich nicht, nachdem das Erneuerbare-Energien-Gesetz Investitionen in regenerative Energiequellen wirtschaftlich gemacht hat. Zudem haben die Stromkonzerne erkannt, dass in Zukunft ein größerer Anteil der Stromerzeugung aus regenerativen Quellen kommen wird – wenn nicht von ihnen selbst, dann von anderen Akteuren.

Auch über Energieeffizienz reden die Konzerne zunehmend. Sie stecken viel Geld in Marketingkampagnen, doch wirklich aktiv werden sie in diesem Metier kaum. Der Hintergrund ist einfach: Gezielte Stromsparmaßnahmen, eine gute Wärmedämmung, solare Bauten, die kaum noch Energie benötigen und häufig sogar mehr Strom produzieren als sie selbst verbrauchen, oder kleine, bürgereigene Kraft-Wärme-Kopplungsanlagen, reduzieren den Energieabsatz. Darunter leiden die

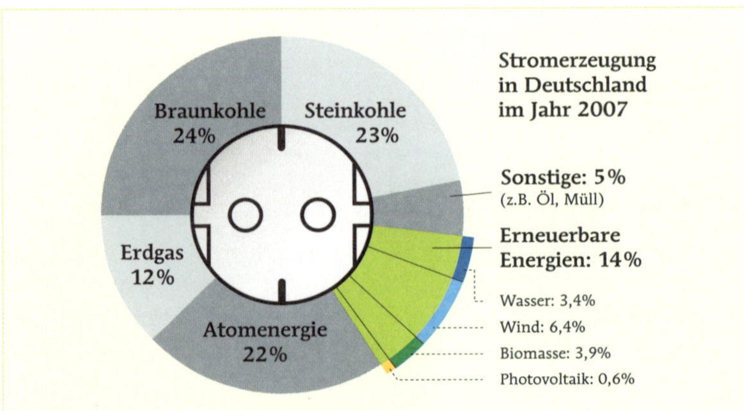

Strommix in Deutschland 2007
Quelle: BMU

Gewinne. Also wird die Energieeffizienz vor allem wortreich beschrieben, man macht kleine Pilotprojekte und versucht gleichzeitig, Technologien als Beitrag zur Effizienzsteigerung und zum Klimaschutz zu verkaufen, die in Wahrheit nur den Stromabsatz erhöhen. Die strombetriebene Wärmepumpe zum Beispiel.

Denn die Konzerne haben vor allem ein Ziel: Sie wollen mit aller Kraft die bestehenden zentralen Strukturen der Stromerzeugung erhalten, die Laufzeit der Atomkraftwerke verlängern und neue fossile Kraftwerke bauen.

Klimaschutz und knappes Öl machen neue Konzepte nötig

Nötig sind jedoch neue Lösungen. Die jüngsten Forschungsergebnisse des Intergovernmental Panel on Climate Change (IPCC) verdeutlichen, dass die Lage für das Weltklima ernster ist als bisher allgemein angenommen und von der Forschung dargestellt. Es gibt keine Zweifel mehr daran, dass die steigende CO_2-Konzentration in der Atmosphäre und die bereits spür- und messbare Klimaveränderung vom Menschen gemacht ist und schneller voran schreitet, als zuvor jemals erwartet:

- Gletscher und Schelfeis schmelzen immer schneller, extreme Klimaereignisse wie Hurrikans, Trockenheiten, Überschwemmungen nehmen weltweit zu, und die CO_2-Konzentration in der Atmosphäre steigt beschleunigt an.
- Zudem sind die Auswirkungen weitaus folgenreicher als bisher vermutet. Ein Viertel aller Tier- und Pflanzenarten sind vom Aussterben bedroht, womit natürliche Regelkreise aus dem Gleichgewicht geraten können. Und schließlich bringt der Klimawandel auch erhebliche ökonomische Risiken.

Weitgehend unstrittig ist das Gegenmittel: Die Industrieländer müssen ihre CO_2-Emissionen um 80 Prozent senken, um den Klimawandel in einem erträglichen Maß zu halten.

Doch der Klimaschutz ist nicht das einzige Argument für einen neuen Umgang mit Energie. Spätestens seit Anfang 2008 gibt es ein weiteres: Die zunehmende Nachfrage nach Erdöl einerseits und die rückläufigen Fördermengen andererseits haben die Energiepreise erheblich in die Höhe getrieben.

Der Zusammenhang mit dem Rückgang der globalen Ölvorräte liegt auf der Hand: Im Jahr 2007 lag die weltweite Ölförderung bereits um 500.000 Barrel pro Tag niedriger als im Jahr zuvor – ein Rückgang von gut einem halben Prozent. Und der Abschwung könnte sich alsbald beschleunigen, die verfügbare Menge voraussichtlich um etwa drei Pro-

zent jährlich sinken. Im Jahr 2020 wird die weltweite Förderung nur noch bei 70 Prozent der heutigen Menge liegen, im Jahr 2030 nur noch bei der Hälfte.

Angesichts dieser Perspektiven hat sich der Ölpreis binnen zwei Jahren auf zeitweise über 140 Dollar je Barrel im Juli 2008 verdoppelt, und es ist nicht zu erwarten, dass sich der Trend nochmals grundsätzlich umkehren wird; lediglich kurzzeitige Gegenbewegungen wird es gelegentlich geben.

Schon heute machen die Preissteigerungen manchen Haushalten und Unternehmen erheblich zu schaffen. Daher müssen Energie- und Stromversorger ihren Kunden künftig neue Konzepte bieten – Energiedienstleistungen nämlich.

Energiedienstleistungen statt neue Kraftwerke

Das Freiburger Öko-Institut hat bereits in den Achtzigerjahren in einer Energiewendestudie dargelegt, dass Verbraucher keine Energieträger benötigen, sondern Energiedienstleistungen. Der Kunde möchte zum Beispiel ein kaltes Bier und dieses bei angenehmem Licht und in einem wohltemperierten Raum trinken. Jedes dieser Bedürfnisse ist jeweils verknüpft mit einer Anwendungstechnologie - dem Kühlschrank, der Beleuchtung, der Wärmedämmung und dem Heizungssystem.

„Bei den Menschen steigt die Bereitschaft Strom intelligent zu nutzen. Nicht immer sind aber alle Möglichkeiten zum Strom sparen bekannt.“
Deutsche Energieagentur dena, August 2008

Nun kann die jeweilige Energiedienstleistung mit wenig Energieeinsatz und effizienter Technik oder aber mit einem hohen Energieeinsatz und einer ineffizienten Technik erzielt werden. In der Regel ist der Kunde jedoch weder Energiefachmann, noch Ökonom, noch Ökologe. Er ist deshalb bei der Wahl der richtigen Kombination aus Technik und Energieträger auf die Unterstützung von Dienstleistern angewiesen. Ein solcher könnte künftig der Energieversorger sein.

Dessen Ziel muss es dann sein, den Kunden mit möglichst geringem Energieeinsatz, mit ökologisch vorteilhaften Technologien zu geringen Kosten mit der gewünschten Energiedienstleistung zu versorgen. Dem Kunden ist der Preis pro Kilowattstunde Strom oder Gas dann egal – ihm kommt es nur darauf an, dass seine Energierechnung (in Euro pro Jahr) so niedrig wie möglich ist.

Ein konkretes Beispiel: Der Stromverkäufer weist einen Kunden darauf hin, dass dieser anstelle eines Kühlgerätes der Verbrauchsklasse A besser ein A++-Gerät kaufen sollte. Dieses nämlich braucht nur die Hälfte an Strom. Der Energieversorger kann nun seinen Kunden entweder durch gezielte Informationen helfen oder auch zusätzlich durch eine Geld-Prämie, die durch einen leicht erhöhten Strompreis gegenfinanziert wird.

Unterstützt werden sollten solche Energiedienstleistungsaktivitäten der Unternehmen durch einen bundesweiten Energiesparfonds, der den Stromversorgern und Netzbetreibern Anreize für stromsparende Investitionen und Dienstleistungen liefert. Der Fonds sollte sich aus einem Aufschlag auf die Strom- und Gaspreise finanzieren. Bereits wenige Zehntel Cent pro Kilowattstunde Strom, Erdgas oder Heizöl würden genügen, um die Energieversorgung des gesamten Landes wesentlich effizienter zu gestalten und die Kosten für die Versorgung mit Energiedienstleistungen zu reduzieren.

Großes Sparpotenzial bei den Heizungspumpen

Erfahrungsgemäß brauchen die Kunden Beratung, wenn sie ihren Haushalt energetisch optimieren wollen. So hat zum Beispiel der Besitzer eines Einfamilienhauses in der Regel keine Vorstellung vom Stromverbrauch seiner Heizungspumpe. Er weiß auch nicht, wieviel Energie er bei einem Austausch der alten Pumpe durch eine neue, hocheffiziente Pumpe einsparen kann. Er ist in dieser Fragestellung einfach überfordert und wird häufig auch anderswo nicht gut beraten.

Hier kann und muss künftig der Energieversorger ansetzen – und die EWS wollen genau das tun. In ihrem eigenen Netzgebiet planen sie ein flächendeckendes Austauschprogramm für alte Heizungspumpen. Die neue, hocheffiziente Pumpe (elektronisch geregelt, variable Leistungsaufnahme, hoher Wirkungsgrad) wird im Durchschnitt nur noch ein Drittel des Stroms verbrauchen, den die alte gezogen hat. Das ist gut für die Hausbesitzer, die in Zukunft geringere Stromkosten haben werden. Und das ist auch gut für die EWS, weil ihre Kunden zufriedene Kunden sein werden, die dem Unternehmen treu bleiben, selbst wenn der Strom einen halben Cent teurer sein sollte.

Nur durch derartige Energiedienstleistungsprogramme und einen weiteren raschen Ausbau der erneuerbaren Energiequellen

und der dezentralen Kraft-Wärme-Kopplung (KWK) wird sich der Strombedarf so reduzieren lassen, dass wir von der Wahl zwischen Pest und Cholera, also zwischen einer Laufzeitverlängerung für die Atomkraftwerke und dem Neubau von Kohlekraftwerken, verschont bleiben.

Gibt es noch weitere Ideen?

Aber klar: Zum einen kommen ständig neue Technologien auf den Markt, zum anderen werden bekannte Effizienztechnologien durch sinkende Gerätepreise und zugleich teurere Energie wirtschaftlich. Einige Beispiele:

- Mit „intelligenten" elektronischen Zählern können neue Stromprodukte, aber auch neue Energiedienstleistungen verbunden werden. So können Kunden mit günstigem Lastprofil künftig günstigere Stromangebote bekommen. Die Zähler können zudem dazu verwendet werden, mithilfe von Lastanalysen Einsparpotenziale und insbesondere Stand-by-Verluste zu entdecken, damit die Versorger die Kunden entsprechend beraten können. Die neuen Zähler können auch dazu eingesetzt werden, um dem Kunden Anreize für die Verlagerung von Stromverbräuchen aus der Spitzenlastzeit in die lastschwache Zeit zu geben – und damit Stromkosten zu sparen. Doch Vorsicht: Die „intelligenten" Zähler können auch genutzt werden, um neue Stromanwendungen in lastarmen Zeiten in den Markt zu drücken – wie etwa Wärmepumpen, elektrische Warmwasserbereitung oder das Elektroauto.
- Anlagen-Contracting ist bereits weit verbreitet. Energieversorger betreiben in diesem Fall zum Beispiel eine Heizanlage selbst und verkaufen dann die Wärme statt des Erdgases an ihren Kunden. Damit hat der Energieverkäufer plötzlich ein Interesse daran, die Wärme möglichst effizient zu gewinnen. (Beispiel KWS S. 69)
- Energiespar-Contracting ist noch wenig verbreitet, aber ein äußerst attraktives Instrument. Dabei nämlich verdienen die Energiedienstleister an der eingesparten Kilowattstunde Strom oder Wärme. Der Contractor investiert in die Einspartechnik und erhält im Gegenzug über eine festgelegte Vertragslaufzeit von beispielsweise zehn Jahren die eingesparten Energiekosten ausbezahlt.
- Ein besonderes Aktionsfeld ist das Energiespar-Contracting mit Bürgerbeteiligung. Ein Beispiel dafür war das inzwischen abgeschlossene Eco-Watt-Projekt in Freiburg, wo mit Bürgergeld eine Schule saniert wurde. Vier ähnliche Projekte laufen derzeit in Nordrhein-Westfalen unter dem Namen „solar und spar". Diese Praxisbeispiele liefern den Beweis dafür, dass Energieeffizienz hoch wirtschaftlich sein kann – zum Vorteil aller Beteiligten, vom Eigentümer des Gebäudes oder der Anlage über den Contractor und den Kapitalgeber bis hin zur Umwelt.

„In der Industrie können durch den Einsatz von elektronischen Drehzahlregulatoren und optimierten Elektromotoren allein 19 Milliarden Kilowattstunden Strom pro Jahr eingespart werden."
Jürgen Trittin, Bundesumweltminister, Juli 2003

• Im Wohnungsbau muss der Energieverbrauch drastisch gesenkt werden. Soll das Ziel einer 80-prozentigen CO_2-Reduktion bis Mitte des Jahrhunderts erreicht werden, dürfen neue Häuser nur noch als Passivhäuser oder Plusenergiehäuser gebaut werden. Auch bei der Sanierung müssen ähnlich strenge Maßstäbe angelegt werden. Für die Energieversorger bedeutet dies einen rückläufigen Energieabsatz. Wollen die Energielieferanten künftig ihre Wertschöpfung in diesem Marktsegment erhalten, so sollten sie ihren Kunden spezifische, werthaltige Beratungs- und Dienstleistungsangebote machen – zum Beispiel indem sie anbieten, die Planung unter energetischen Aspekten durch Spezialisten begutachten zu lassen. Bieten die Energieversorger diese Leistungen nicht an, so wird ihr Absatz ebenfalls schrumpfen – dann allerdings ohne dass sie sich zugleich neue Geschäftsfelder erschließen.

• Viele Hausbesitzer scheuen sich vor der Investition in eine solare Warmwasserbereitung oder eine Holzpelletheizung, weil sie unsicher sind, wie sie das Projekt anpacken sollen und unabhängige Beratung vermissen. Auch hier kann der Energiedienstleister helfen, der von einer ersten Beratungs- und Planungshilfe über die Vermittlung von fachkundigen Installationsbetrieben bis zur Abnahme der Anlage seine Dienste zu einem Festpreis anbietet und die Qualität der Anlage garantiert.

• Mikro-KWK-Anlagen für Ein- und Zweifamilienhäuser sind seit kurzem auf dem Markt; Käufer erhalten sogar einen Investitionszuschuss vom Bund. Für manchen Energieversorger sind die Geräte ein Ärgernis, weil sie den Stromabsatz reduzieren. Fortschrittliche Unternehmen fördern diese Technologie gleichwohl, indem sie die Anlagen selbst finanzieren und dann den Strom und die Wärme an den Kunden verkaufen, oder indem sie den Betreibern eine höhere als die gesetzlich vorgeschriebene Einspeisevergütung gewähren.

„Verminderte Energiekosten sind direkte Wirtschaftsförderung. Denn die Entwicklung energieeffizienter Technik wird beschleunigt und die deutsche Industrie erhält so neue Exportchancen."
Stefan Thomas, Wuppertal Institut für Klima, Umwelt, Energie

Dass solche intelligenten Konzepte der Energiedienstleistung sich in den nächsten Jahren durchsetzen werden, darf man annehmen: Bei Ölpreisen jenseits der 100-Dollar-Marke, bei entsprechend gestiegenen Erdgaspreisen und bei Strompreisen an der Terminbörse, die im Sommer 2008 Werte bis zu neun Cent je Kilowattstunde erreichten, liegt es auf der Hand, dass der schlichte Verkauf von Strom oder Primärenergie kein zukunftsfähiges Geschäftsmodell mehr ist. Die Kunden werden mehr verlangen von ihrem Energieunternehmen, sie werden zunehmend unabhängige Beratung und Unterstützung beim Einsatz effizienter Technik einfordern. Energieunternehmen, die diese nicht geben können, werden künftig verlieren im Wettbewerb um die Kunden.

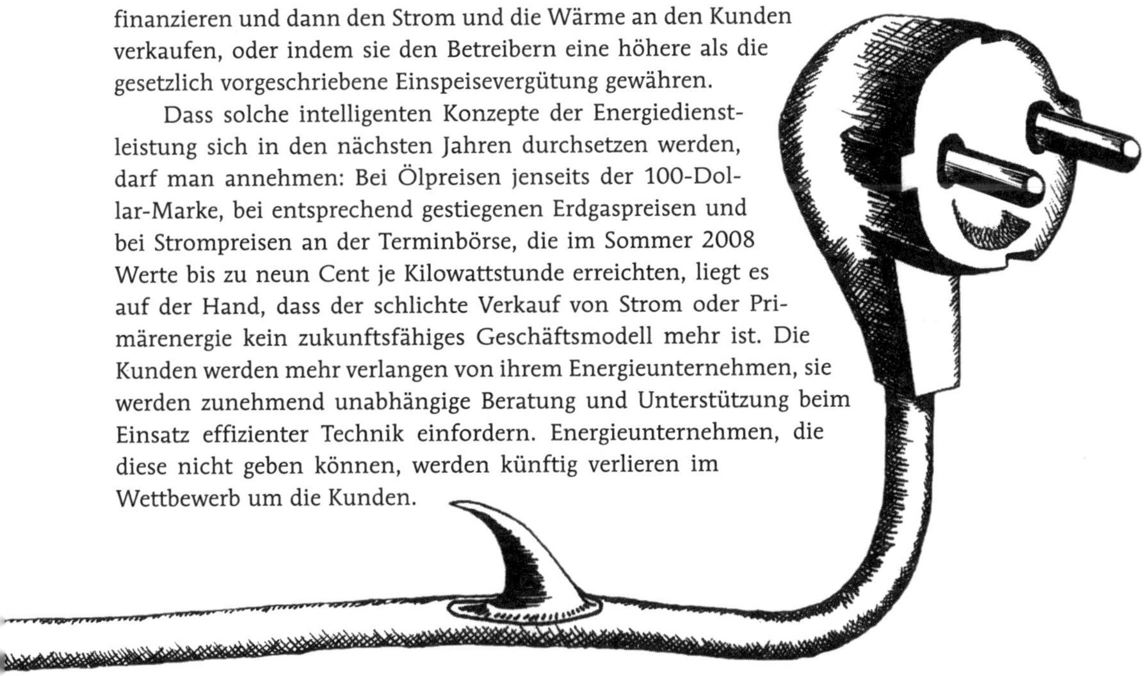

Gerstheim
ILL
Marckolsheim
Weisweil
Wyhl
DREISAM
Emmendingen
Waldkirch
ELZ
Triberg
Colmar
RHEIN
Kaiserstuhl
Breisach
Freiburg
Furtwangen
BRE
Kirchzarten
Fessenheim
Schauinsland
Titisee
Hinterzarten
Heitersheim
Feldberg
RHEIN-RHONE-KANAL
Belchen
Schluchsee
Menzen-
schwand
Todtnau
ALB
SCHWARZA
Schönau
Mulhouse
WIESE
Zell
WEHRA
Waldshu
Lörrach
Albbruck
Schwörstadt
Weil
Leibstad
Rheinfelden
Basel
Laufenburg
Wyhlen
Kaiseraugst

Südbaden und Umland: Die Stätten des Widerstands und der Energiegeschichte

Albbruck
Standort eines Wasserkraftwerks; Inbetriebnahme 1933

Basel (CH)
Sitz des Trinationalen Atomschutzverbandes, der politisch wie juristisch gegen die Atomkraft im Dreiländereck vorgeht; Mitglieder sind 57 Gemeinden, 32 Organisationen, sowie 3 kirchliche Einrichtungen

Breisach
Im Juli 1973 kippte das Badenwerk seine Pläne zum Bau eines Atomkraftwerks, nachdem Gegner mehr als 60.000 Unterschriften gesammelt hatten.

Fessenheim (F)
1977 und 1978 wurden zwei Atommeiler in Betrieb genommen, deren Bau bereits 1971 begonnen hatte; die Badisch-Elsässischen Bürgerinitiativen, die 1974 gegründet wurden, kamen hier zu spät

Freiburg
Oft als „Solarhauptstadt Deutschlands" bezeichnet; Sitz des größten europäischen Solarforschungsinstituts, des Fraunhofer Instituts für Solare Energiesysteme

Gerstheim (F)
Eine Platzbesetzung verhinderte im Jahr 1977 den Bau eines Atomkraftwerks

Heitersheim
Widerstand verhinderte in den Jahren 1973 bis 1975 den Bau einer Brennelementefabrik (Uran- und Plutoniumverarbeitung)

Kaiseraugst (CH)
Eine Platzbesetzung verhinderte im Jahr 1975 den Bau eines Atomkraftwerks

Laufenburg
Sitz des Kraftwerks Laufenburg (KWL), einer Schwester der Kraftübertragungswerke Rheinfelden. Standort eines historischen Wasserkraftwerks; Inbetriebnahme 1914

Leibstadt (CH)
Standort des größten Atomkraftwerks der Schweiz mit 1165 Megawatt; Inbetriebnahme 1984

Marckolsheim (F)
Widerstand verhinderte in den Jahren 1974/75 den Bau eines Bleichemiewerks

Menzenschwand
Die Grube Krunkelbach ist die bedeutendste Uranlagerstätte in Westdeutschland; gewerbsmäßiger Uranabbau von 1975 bis 1991. Seit der Schließung der Grube ist Südbaden frei von Atomanlagen

Rheinfelden
Sitz der Kraftübertragungswerke Rheinfelden (KWR), die Schönau bis Juni 1997 versorgten. Das Kraftwerk Rheinfelden war das erste Wasserkraftwerk am Hochrhein, und bei Inbetriebnahme 1898 mit 12,4 Megawatt das größte Kraftwerk Europas. Im Jahr 2011 soll unweit des alten Kraftwerks ein Neubau mit 100 Megawatt in Betrieb gehen

Schluchsee
Die Schuchsee-Talsperre war das erste Projekt der 1928 gegründeten Schluchseewerke. Heute unterhält das Unternehmen ein leistungsfähiges Geflecht aus fünf Pumpspeicherkraftwerken im Südschwarzwald

Schönau
Die Stadt der Stromrebellen; die Elektrizitätswerke Schönau versorgten im Herbst 2008 rund 77.500 Kunden bundesweit mit Ökostrom. Der Stromabsatz lag im Jahr 2008 bei 300 Millionen Kilowattstunden

Schwörstadt
Drei Atomreaktor-Blöcke waren ab 1972 geplant; 1980 wurden die Pläne aufgegeben, unter anderem, weil der Lörracher Kreistag sie ablehnte. Standort eines Wasserkraftwerks; Inbetriebnahme 1930

Triberg
Die erste Stadt Deutschlands, die ihre Straßenlaternen vollständig auf elektrisches Licht umstellte (Sommer 1884)

Waldshut
Die Stadtwerke Waldshut-Tiengen gaben den Elektrizitätswerken Schönau im Rahmen eines Betreuungsvertrages in den Jahren 1997 bis 2002 Starthilfe

Wyhl
Eine Platzbesetzung ab Februar 1975 verhinderte den Bau eines Atomkraftwerks; der Widerstand gilt als Beginn der europäischen Anti-Atom-Bewegung

Wyhlen
Standort eines Wasserkraftwerks; Inbetriebnahme 1912

Autoren / Fotograf

Bernward Janzing

Jahrgang 1965, freier Journalist. Er lebt in Freiburg und schreibt vor allem über Themen aus Energiewirtschaft und -technik. Autor von „Baden unter Strom".

Dieter Seifried

Jahrgang 1948, Energietechniker und Volkswirt. Von 1983 bis 1999 Wissenschaftler am Freiburger Öko-Institut. 1999 gründete er das Beratungsbüro Ö-Quadrat in Freiburg. Autor von „Das Solarbuch"

Martin Rasper

Jahrgang 1961, Buchautor und Redakteur bei natur + kosmos. Er lebt in München und schreibt über Themen aus Wissenschaft, Politik und Kultur.

Jan Oelker

Jahrgang 1960, Kraftwerksingenieur. Er lebt als freier Fotograf in Dresden. Seit Anfang der neunziger jahre begleitet er fotografisch die Entwicklung der Windkraft. Herausgeber des Buches „Windgesichter".

Schönauer Strom-Geschichte

18. November 1905
Mit einem Wasserkraftwerk am Flüsschen Wiese beginnt in Schönau das Strom-Zeitalter

1957 bis 1962
Umstellung des Ortsnetzes von Gleich- auf Drehstrom

1. April 1974
KWR übernehmen das Netz

26. April 1986
Reaktorkatastrophe von Tschernobyl

19. Mai 1987
Gründung der Eltern für atomfreie Zukunft e.V. (EfaZ)

19. Januar 1988
Beginn der Schönauer Stromsparwettbewerbe

30. November 1990
Gründung der Netzkauf GbR

8. Juli 1991
Gemeinderat lehnt Kauf des Netzes ab

28. Oktober 1991
Erster Bürgerentscheid: Sieg für die Netzkauf

16. Januar 1994
Netzkauf beschließt Gründung der Elektrizitätswerke Schönau (EWS)

31. Dezember 1994
Ende des Konzessionsvertrags

20. November 1995
Gemeinderat vergibt Konzessionsvertrag an EWS

10. März 1996
Zweiter Bürgerentscheid, Sieg für EWS

1. Juli 1997
Netzübernahme durch EWS für 5,7 Millionen Mark

2. November 1998
Klage auf Teilrückzahlung des Kaufpreises

13. Juli 2005
EWS erhalten rund 1,2 Millionen Euro zurück, weil der Kaufpreis zu hoch war

Juni 2007
Ursula und Michael Sladek erhalten den Deutschen Gründerpreis